中国教育三十人论坛 专题研究报告
Books of China Education 30 Forum

教育与科技：喜与忧

JIAOYU YU KEJI　XI YU YOU

程介明　主编　覃云云　编

山西出版传媒集团　山西教育出版社

图书在版编目（ＣＩＰ）数据

教育与科技：喜与忧 / 程介明主编；覃云云编
. — 太原：山西教育出版社，2019.12
（中国教育三十人论坛专题报告 / 朱永新主编）
ISBN 978 – 7 – 5703 – 0819 – 4

Ⅰ . ①教… Ⅱ . ①程… ②覃… Ⅲ . ①科学技术—技
术发展—影响—教育—研究 Ⅳ . ①N120.1②G40

中国版本图书馆 CIP 数据核字（2019）第 259969 号

教育与科技：喜与忧
JIAOYU YU KEJI：XI YU YOU

出 版 人	雷俊林
出版统筹	潘　峰
特约统稿	赵学勤
责任编辑	樊丽娜　王　媛
复　审	刘晓露
终　审	郭志强
装帧设计	王耀斌
印装监制	蔡　洁

出版发行 山西出版传媒集团·山西教育出版社
（太原市水西门街馒头巷 7 号　电话：0351 – 4729801　邮编：030002）

印　装	山西康全印刷有限公司
开　本	720mm × 1020mm　1/16
印　张	10.5
字　数	138 千字
版　次	2019 年 12 月第 1 版　2019 年 12 月山西第 1 次印刷
书　号	ISBN　978 – 7 – 5703 – 0819 – 4
定　价	40.00 元

如发现印、装质量问题，影响阅读，请与出版社联系调换。电话：0351 – 4729718。

序　言

让科学技术创造更有温度、 更有人性的教育

朱永新

当今世界，科学技术的发展日新月异，让人目不暇接。一度存在于科幻小说中的种种蓝图，正在这个时代迅速成为现实。互联网、大数据、人工智能、区块链、脑科学等，正在重塑我们的世界，改变我们的生活，改造我们的教育。

在人类历史上，科学技术从来就是一把双刃剑。一方面，科学技术的巨大力量不由分说地摧毁着既往的秩序，人们的物质生活日复一日、越来越深地依赖科学技术；另一方面，科学技术的迅猛发展在给人们的生活带来更多便利和保障的同时，也造成了生态环境的破坏、人际关系的紧张、恐怖袭击的危害等。

科学技术对于教育的影响也是巨大的、深刻的。法国有个学者曾经归纳了人类知识传播的四个阶段：依靠人与人之间直接传递的表演阶段，依靠语言文字间接传递的表述阶段，依靠声音图像记录的影像阶段，依靠人人平等互动的互联网阶段。可以看到，每一个阶段的变化都是由于科学技

术的突破：造纸术和印刷术的出现使人们从表演阶段跃进到表述阶段，照相机、录音机以及电影电视的出现导致了影像阶段的诞生，而互联网技术的出现则直接导致了传统传播与教育方式的终结。

目前，我们正处于第四个阶段。这个阶段，新的科学技术以几何级数在增长，社会发展和教育变革也更为显著。世界变成一个村落，知识的传递更快捷平等，且传授的方式和模式也发生着深刻变化。这个阶段，科学技术对教育的影响有两种可能性，一是成为人的异化的工具，成为冷冰冰的测量人的注意力、学习力，帮助教育者更加严格地监督和管控教育对象的工具。网络上曾经流传过一位在纳粹集中营幸存下来的美国中学校长的信，那是他给每一位新入职教师准备的信。他在信中写道，他亲眼看到了人类所不应该看到的情境，毒气室都是由学有专长的工程师建造，儿童被学识渊博的医生毒死，幼儿被训练有素的护士杀害，妇女和婴儿被上过高中和读过大学的人枪杀……所以，他请求我们的教育应该"帮助学生成为具有人性的人"，因为，只有我们的学生在具有人性的情况下，读写算的能力才有价值。

二是成为人的成长的工具。科学技术同样可以成为推进教育公平，关注个性发展，让每个人成为更好的自己的助推器。过去老师对学生居高临下、我教你学的状态，现在完全可以颠倒过来，师生共同面对问题。老师不一定比学生懂得多，学生在某一个领域可能超越老师。过去在学校上课学习，回家做作业；现在完全可以在家里学习，在教室里释疑解惑。甚至，今后知识的学习已不再是学校教育最重要的部分，学生在网络上、家里和社区中都可以获得知识，教师更重要的是"授人以渔"，是要教授学生如何学习知识。所以，无论在城市还是乡村，可以接受相同的教育资源和课程，实现"有教无类"的教育公平理想。同时，更加有效地帮助人们认识自己，发现自己，成就自己，实现"因材施教"的机遇个性化理想。

感谢程介明教授和他的团队为我们奉献了这本讨论科学技术发展与教育未来关系的专著。在这本书中，有科学技术的专家和教育领域的专家，从不同的角度论述了科学技术对于教育的影响：既有对于未来教育的预测，也有对于科学技术促进教育公平和因材施教的期待；既有关于人性化的"全人教师"的呼唤，也有对于未来学校形态的展望；既有对于科学技术可能产生的负面影响的警惕，也有对于科学技术造福教育的乐观分析。总之，这是一本值得细读的研究报告。

几年前，曾经有媒体问我，新教育的愿景是什么？新教育培养的孩子有什么目标？我回答说："经过新教育共同体的不懈努力，在不远的未来，新教育实验学校培养出一群又一群长大的孩子，从他们身上能清晰地看到：政治是有理想的，财富是有汗水的，科学是有人性的，享乐是有道德的——这，就是我们新教育人孜孜以求的共同朝向。"我想，让科学技术更加温暖、更有人性，让科学技术更好地造福人类，让科学技术更好地服务教育，这也是我们教育人对于科学技术发展的期待。

2019 年 11 月 1 日

写于丹阳香逸大酒店

目　录

写在前面的话

程介明

科技的发展，一日何止千里！科技的发展，是以科技的研发为起点的，首先考虑的，也许不是社会的需求、人类的未来。于是，各类新兴的科技不由分说地进入社会，进入生活，在人类没有多少准备的情形下，塑造着人类的未来。这时候，人们才仿佛如梦初醒，开始要研究科技对自己的影响。科技是人类自己发明出来的，到头来却要为自己智慧的结果而担忧。

教育是为人类准备未来的，科技对未来社会的影响，也就是对教育的影响。教育应该做怎样的准备？

教育也是人类生活的一部分，科技也会不由分说地进入教育的领域。那会是怎样的一种影响？教育又会发生怎样的变化？

中国科技的发展，尤其是进入日常生活的科技走在许多国家的前面。许多科技的创新，包括在教育领域的创新，都处于领先的地位。正因为如此，在教育方面，急速发展的科技带来的前所未有的挑战与问题，也是在中国首先感到。

在这种前提下，中国教育三十人论坛 2019 年的年会，决定以科技与教育作为探讨的焦点，希望引起全国的关注，也可能会引起国外的注意。

为此，我们编了这本集子，收录了就科技与教育相互关系的种种讨论文章，并将此作为年会的背景资料。里面有关于科技在教育中的积极应用，也有科技在教育领域值得关注的问题，因此书名定为《教育与科技：喜与忧》。

新科技革命能让教育更公平吗？

*汤　敏*①

"有教无类"是从柏拉图到孔夫子等仁人志士几千年来孜孜以求的伟大目标。今天我们又站在了一次大的新科技革命的前期，互联网、大数据、人工智能、新能源、生命科学等一系列的新科技正在颠覆着各行各业的发展模式。教育这个培养科技人才的最基础的领域，也面临着重大的变革。从教育目标，到教学内容、教学方式都在发生着巨大的变化。在一系列的新科技面前，在未来对人才的新要求下，教育能比过去更公平吗？现在我们面临的危险是，新科技的"马太效应"完全有可能使教育变得更不公平。那么，如何才能让教育更公平呢？

一、 什么是教育公平?

教育公平是指国家对教育资源进行配置时所依据的、合理性的规范或

---

① 汤敏，国务院参事，中国教育三十人论坛成员。

原则。教育公平有三个层次，一是起点公平，即人人都享有平等的受教育的权利；二是过程公平，即提供相对平等的受教育的机会和条件；三是结果公平，这是公平的更高境界，即教育成功机会和教育效果的相对平等。例如，每个学生接受同等水平的教育后能达到在学业成绩上的平等。当然，教育公平在不同的国家和不同的历史时期有着不同的含义。在发展初期，保障广大儿童平等地接受教育的权利是最重要的任务。在教育普及后，让每个人都得到更高水平的教育变得更重要了。

可是，对"上好学"的追求是比"有学上"难得多的任务。解决"能上学"问题最重要的是投入问题。只要有一定的投入，校舍、教学设备、教师配备等问题都能得到解决。经过几十年不懈的努力，我国已基本解决了教育公平中的初级阶段问题，上学难、上学贵的现象至少在基础教育阶段已经基本解决，进入了"上好学、学得好"的新阶段。现在我们需要重点解决的是农村教育基础相对薄弱、质量不高、发展不均衡等问题。

英国导演迈克尔·艾普特拍过一部纪录片《7up》（译为《人生七年》），跟踪拍摄了英国不同阶层的 14 个孩子 40 年的人生。难逃宿命的是，出生于精英阶层家庭的孩子成年后依旧在上层社会，而来自贫困家庭的孩子仅有一名成为大学教授，其余的人都如同父辈一般辛苦而又庸碌地活着。

这种阶层固化现象的学术称谓为"贫困代际传递"。在中国，人们用"龙生龙，凤生凤，老鼠的儿子会打洞"这种生动形象的比喻来描述此类现象。因此，"阻断贫困代际传递"成为教育的重要使命。习近平总书记在北京师范大学"国培"座谈会上就指出，扶贫必扶智，让贫困地区的孩子们接受良好教育，是扶贫开发的重要任务，也是阻断贫困代际传递的重要途径。

从人类历史来看，贫困大体上是一代一代往下传的。为什么呢？虽然贫困户的下一代上学时间可能比他的父辈要长，但如果他在同辈中受到的教育水平还是最低的，他还有可能陷入贫困。这里的关键问题在于教育质量。现在贫困地区学校硬件建得比以前好了，但是教师水平较弱，学生的学习成绩就会相对较差，这就导致贫困户的子女可能考不进很好的学校，有的甚至在读完初中以后就出去打工。所以尽管他得到的教育比父辈多，但相对还是在社会底层，这就导致贫困代际传递。这个现象不仅中国有，全世界都有。所以我们在扶贫中一定要关注"阻断贫困代际传递"的问题，具体就是要把贫困地区的教育质量提高。贫困家庭的子女"有学上"还不够，还要"上好学"。

众所周知，农村学校，特别是贫困地区的农村学校教学质量跟城市的学校差距很大，但用传统的方式又无法弥补差距。因为贫困地区的学校很难引入优秀教师在当地长期执教。当然，优秀人才在贫困地区短期支教已经有不少了，贫困地区农村学校中也有特别优秀的教师，但数量比较少，往往还会很快被挖走。教学质量是靠教师保障的，教师是人，人是要往高处走的。优秀教师总是少数的，他们往往会被调到好的学校，会到城市中去，这是不争的事实。这种现象不仅在农村存在，在城市中的薄弱学校也时有发生，这也成为世界教育的一个普遍性难题。

二、 互联网、 高科技下的教育不公平

人类正进入一个前所未有的科技高速发展的新阶段。在以大数据、人工智能、生物科学、新能源等为代表的这些震撼世界的新科技日益发展的同时，人类的生产生活也面临着史无前例的大变化。在这世界级的竞争中，如何使我国的科学研究走到世界前列，如何让大量的科研成果变成造福人类的产品，如何在商品社会中让这些产品占领市场，产生经济效益，这些都是摆在我们所有人面前的巨大挑战。

这些新科技在给我们以无限希望的同时，也带来了巨大的挑战。目前，各个行业、各种年龄段的人们对新科技带来的变化都有着强烈的焦虑感。我们所掌握的知识技能在不久的将来会不会被淘汰？我们现在的工作岗位未来会不会消失？牛津大学和花旗银行的一份研究报告预测，中国目前77%的工作岗位未来都有可能被智能机器人替代。

十多年前，联合国在提出防止出现"数字鸿沟"时就曾警告过，通过信息技术和知识来创造价值的"新经济"很可能会成为一种"富国现象"。少数发达国家搭上了信息革命的头班车，在"知识权力"集中过程中，通过技术创新、产业重组和全球垄断获取"先行优势"，已经牢牢占据了信息革命和知识经济的制高点。

同样地，我们应该特别关注一系列新科技的出现对贫困问题及低收入人群的影响。在市场中，新科技的最先受益者往往是那些有识别能力、有购买能力的人群，而这些新技术与设备又加强了这些人在市场中的竞争优势。反之，贫困人群往往是这些新技术的最后受益人。另外，一系列新科技的出现对就业市场会有很大的冲击。机器人、人工智能、自动驾驶等会大量减少一些领域的就业机会，而低收入人群受到的影响会更大。如果政府的政策不注意有针对性地弥补市场的不足，高科技引发的"马太效应"会越来越强。

从教育的角度看，互联网、新科技有可能使教育更公平，但也可能使之更不公平。这是在我国，实际上也是在全世界范围内都会面临的一个大问题。在互联网、高科技面前，未来的教育有可能会更不公平。现在城市的孩子从上幼儿园开始就在手机上、平板电脑上娱乐和学习。各种各样最先进的教育理念，最先进的教学内容、教学方法，最先进的技术都在城市的优质学校中试验、使用。而在农村，特别是在贫困地区的农村学校，还是在用传统的方式教传统的内容。在互联网时代、在人工智能时代，教育领域的"马太效应"可能会更严重，城乡之间、优秀学校与薄弱学校之间的差距会越来越大。

三、 如何用互联网、 高科技来解决教育公平问题？

数字鸿沟、知识鸿沟、技术鸿沟都来源于教育鸿沟。要让互联网填平教育鸿沟，就需要一场变革，需要传统的教学内容、教学模式适应信息化社会快速发展的需求，需要在资源的分布上向农村地区、贫困地区、薄弱学校倾斜。

"双师教学"就是作者亲自参与的利用互联网来促进教育公平的一个尝试。从 2013 年起，我们与人大附中的刘彭芝校长合作，通过互联网把人大附中的一门数学课，推广到了全国 20 个省的近 200 个乡村学校中。经过我们多年的实地调研发现，在西部教学实践中不能完全靠线上的方式教学，一定是线上跟线下相结合，是一位远程的优秀教师和一位当地教师配合进行的"双师教学"模式。

"双师教学"的第一步是每天录制人大附中教师的讲课内容并将其放到网上。第二步，当天晚上乡村教师在网上先看一遍讲课录像，再对录像中超出乡村学校需要掌握的部分进行必要的剪裁。一般 45 分钟的录像会剪辑成 25 到 30 分钟的内容。第三步，第二天在乡村课堂上播放录像。当视频中人大附中教师提问人大附中学生时，乡村教师把视频停下来，让当地学生来回答人大附中教师的问题。如果学生都答对了，就继续播放视频。如果没答对，乡村教师就会用几分钟时间把这个概念再讲一遍。

"双师教学"实验取得了显著的成效。根据中央财经大学的调研团队对这一项目三年的追踪评估，初中进校时试验班和控制对比班的考试成绩几乎完全一样，三年后试验班的中考成绩比控制班平均高出了整整 20 分。学生除了学习成绩大大提高外，学习态度、学习兴趣、精神面貌也有了很大的改变。

　　更有意义的是，我们发现参与试验的乡村教师受益更大。"双师教学"的培训模式像师傅带徒弟那样，课课示范、天天培训，"传帮带"贯穿整个学年的教学全过程。这相当于给乡村教师进行了一次全程教学方法的言传身教的培训。很多参与了两三年的"双师教学"试验的农村教师学到了好的教学方法，完善了教育理念，成为当地的优秀教师。经过了三年的试验，这种模式正在全国进行推广。2015 年广西壮族自治区教育厅发布通知，决定在全区 74 个县（市）的 148 所农村中小学推广"双师教学"模式。现在这种"双师教学"模式已经在各地广泛推广。

　　为了进一步推动用教育信息化来促进教育公平，我们又启动了"青椒计划"，全名为"乡村青年教师社会支持公益计划"。"青椒"，即"青教"的谐音。"青椒计划"就是动员与整合社会力量，通过"互联网＋"的方式，连接优质的师资培训和课程资源，探索大规模、低成本、可持续的助力乡村教师发展的新路径、新公益、新模式。在教育部的支持下，从 2017 年 9 月起，全国 20 个省 8678 所学校中的 50783 名乡村青年教师，连续两年，每周三晚与周六晚在手机或电脑上参加"青椒"培训。北师大、华东师大等学校的优秀教育专家提供专业课程，公益机构组织提供师德课程。动员了包括沪江网、洋葱数学、爱学堂、三三得玖等一批教育企业，北京师范大学、21 世纪教育研究院等一批学术机构以及中国慈善联合会、友成基金会、西部阳光、弘汇基金会等 20 多个赞助机构跨界整合资源，每个组织充分发挥自己的"长板"作用，有钱出钱、有力出力、有资源出资源，为广大乡村教师提供专业、前沿、可持续的培训，开创了乡村教师大规模社群化学习的先河，成为目前最受欢迎的教师培训项目之一。

　　"青椒计划"也可能是企业、学术、公益机构联合起来第一次如此大规模、如此广深度参与的乡村教师培训计划。目前，"青椒计划"的规模正在不断扩大，培训内容也在不断深化。2019 年，我们又进行了新一轮

10000 名乡村教师的"青椒计划"培训，其中参加培训的一半以上的青年教师是刚刚参加工作的特岗教师。

我们的试验也发现，在落后地区推广互联网教育还存在诸多障碍，包括部分地区的硬件条件不足、互联网不通、设备不齐等，但最大的问题还是一些地方的教育部门、学校校长和教师对教育信息化的敏感度不够，很多的设备都闲置在那里，或低水平地使用，只是满足于播放简单的小视频、PPT 等。解决教育公平问题是个系统性工程，公益机构可以在前方做互联网教育的探索，但成功之后就需要借助行政的力量加以推广，这样才能加快优质教育资源向贫困地区转移。

四、 新科技发展与终身教育

科技发展日新月异，人们面对的是全新的和不断变化发展的职业、家庭和社会生活。同时，科技的发展也对人们的综合素养提出了新要求，要缓解新科技对就业市场的冲击，每个人都要在知识快速迭代中建立终身学习的理念。

"传统的现代教育"起源于第一次工业革命时期，兴盛于第二次工业革命时期。教育因社会分工更精细、更专业，而从超精英、个性化教育走向大众教育，这种标准化的教育方式制造了大生产时代的可用人才。每个人都是大工业时代的一颗螺丝钉，只要老老实实、认认真真地在岗位上发挥作用，整个生产机器就能很好地运转。

而在今天，知识本身在科技大发展的时代中不断迭代与更新，教育也进入一个混合式学习阶段。一谈到教育，我们很容易将之局限于中小学教育、高等教育等学校中的教育。伴随着知识爆炸，新科学、新技术的不断涌现，终身教育成为教育中不可或缺的部分。终身教育强调人的一生必须不间断地接受教育和学习，不断地更新知识，保持应变能力。对于生活在信息时代的我们来说，建立终身学习的理念是当务之急。从两千多年前庄子的"吾生也有涯，而知也无涯"，到今天联合国教科文组织提出"终身学习是 21 世纪的生存概念"，终身教育体系的构建是推进学习型社会建设的重要战略举措，也是教育改革与发展的重要任务。建立一个有效的、低成本的、多样化的终身教育体系，国家、企业与个人就能在新经济的激烈竞争中不断灵活转身，立于不败之地。

从 2018 年开始，我们又开始尝试把互联网教育推广到学校之外的地方去。

扶贫攻坚和乡村振兴中最缺的是热爱乡村和掌握了新时代农村发展的新模式、新技术、新能力的人。近年来，各地农村都涌现出一些乡村发展的好经验。作为乡村振兴的第一步，就是要广泛地、持续性地培养出大批致富带头人。

2018 年 10 月，我所在的中国慈善联合会与清华大学、沪江网、中国农民大学、友成基金会等机构合作，开始了返乡青年培训项目，叫"乡村振兴领头雁"计划。现在全国 16000 多名返乡青年，通过手机、电脑，每个星期分五次参加我们的远程学习。这些课程主要由在农村创业成功的返乡青年来讲。学员们选修自己感兴趣的课程，如乡村振兴政策解读，乡村旅游，种植、养殖，农村电商，社区发展，农村金融等。其中，优秀学员还会到清华大学进一步深造。我们配合国家的乡村振兴计划，目的就是让这些嗷嗷待哺的返乡青年，还有一大批准备返乡的青年，得到各种实用有效的培训。

据统计，到目前为止，我国已经有 750 万返乡青年。在他们回乡创业的过程中，既有鲜花，也有荆棘。现在的问题是，不是农村青年不愿意回去，而是他们不知道在家乡如何能挣到与在城市打工差不多的收入来。事实上，这些年轻人正面临着很多困难。一是缺模式。振兴农村要靠各种各样的产业发展，他们没有这方面的技能。二是缺资金。地方政府可以给返乡青年一些补助，返乡青年自己也会带回一部分资金，但是这些远远不够。三是缺师傅。农村创业技术性很强，如果有创业成功的人当青年人的师傅，让他们跟着学，成功率会更高。目前，我们正在尝试用各种有效的方式给他们提供培训。

终身教育的需求极大，市场极大，但需要有与学校教育不同的模式。事实上，几千年来，艺术、技能培训最有效的方式就是师傅带徒弟。今天，很多新工人进厂还是由企业指定技能高超的师傅进行传帮带，三年学徒期满后，由企业对其进行技能考核。师徒制是一种非常有效的技术传承方式，一直为各行各业所广泛运用。

但是，这种师徒制的培训方式也有着一些重大缺陷。师傅的水平决定了徒弟的水平，高水平的师傅能带出高水平的徒弟。反之，如果师傅的水平不高，带出的徒弟也好不到哪里去。名师傅是有限的，而需要培训的徒弟却是大量存在。现在我国仅农民工就有 2.8 亿。中国产业升级换代需要工匠精神，2 亿多农民工的技术普遍不高，将会大大制约我国企业的更新换代速度，也制约着农民工本身的收入提高。

为什么不能找几个电焊大师来，每个星期在网络上由大师教几招电焊绝技。参与学习的人不是什么都不会的技校学生，而是已经在岗位上工作过一段时间的电焊工。他们可以在岗位上不断练习向大师学到的技巧，经过几年的培训，再配合国家有关部门的技术考级，企业按技术等级提高工资待遇，这样就能形成一个新型的技能培训的闭环。

"新师徒制" "新" 在什么地方呢? 一是 "新" 在规模上。传统师徒制是一个师傅带几个徒弟，而 "新师徒制" 通过互联网，一个师傅可以带几千、几万个徒弟。二是 "新" 在师傅的选择上。名师才能出高徒。传统的师傅只能在本企业中挑选，而 "新师徒制" 的师傅可以在全省、全国甚至在全世界选。三是传统的徒弟只能跟一个师傅，而在 "新师徒制" 下，一个徒弟可以在互联网上跟好几个师傅，博采众长更能出高徒。四是传统的师徒之间有直接的利益冲突，"教好徒弟，饿死师傅"，因此师傅往往要留一手绝活，除非徒弟是儿子，女婿都不行。而在"新师徒制"下，师徒之间物理间隔可能会很远，甚至永远都见不着面，不会有直接的利益冲突，况且师傅之间也有竞争。你可以留一手，但别的师傅如果比你教得更好、教得更深，你的徒弟群体就可能流走了。最后一点最重要：激励机制。传统师徒制的激励机制不够强。在传统社会中，当师傅的直接利益无非是徒弟在师傅家里打几年小工、扫扫地、打打洗脚水之类的。长期利益是师傅有可能成为徒弟的"父"。但这还得看徒弟有没有良心，出师后还认不认你这个"父"。在现代社会里，对当师傅的激励更少。师傅工资是固定的，带徒弟几乎是义务劳动。所以现在单位里找一个师傅都难，普遍是"师傅不愿带，徒弟不愿学"，双方都敷衍了事。而在"新师徒制"下，一个师傅可以带几万、几十万个徒弟，师傅可能会成为网络红人。

在市场机制下，培训平台可以对徒弟收费，给师傅重奖，甚至可以以网络的方式，每个徒弟打赏几元钱，师傅马上可以成为百万富翁、千万富翁。即使是由政府组织的新师徒制培训，对师傅也可以用提级、发"五一劳动奖章"、冠"大师工作坊"等各种荣誉上和物质上的奖励进行激励。

这种互联网下的"新师徒制"行吗？我们正在做各种试点。事实上，上面谈到的"双师教学"就是一个新师徒制的典型。参与"双师教学"的乡村教师跟着人大附中教师，课课示范、天天培训，"传帮带"贯穿好几个学年的全过程，不就是活脱脱的"新师徒制"吗！还有一个例子，深圳市龙岗区正在与深圳国泰安教育技术公司一起实施一个大规模的农民工培训计划。我参加了他们的多次讨论，准备把这种新的培训机制融合进大规模的农民工培训中去。同样地，在对返乡青年的培训中，我们也可以用"新师徒制"的方式，请在各地农村创业成功的人士对他们"传帮带"。

今天，我们又进入了一个新工业革命时代，需要一个全新的教育图景。要根据新工业革命引发的社会和经济的变化,从根本上改造目前这套为培养第二次工业革命人才而设计的教育模式。在新的教育改革中,要关注弱势群体、关注教育公平,让更多的人受益。对于中国人来说,要实现中华民族的伟大复兴,要让我们国家矗立在世界民族之林,在教育上一定要走在世界的前列。

互联网和人工智能时代的教育创新

21 世纪教育研究院①

如果我们仍然以昨天的方式教育今天的孩子，无疑就是掠夺了他们的明天。

——杜威

引子："奇点来临"

2016 年被媒体称为"人工智能元年"。在这一年，AlphaGo（阿尔法围棋）战胜了世界围棋冠军李世石，象征着超越人类智力的高峰，站在山顶的是人工智能。

---

① 21 世纪教育研究院成立于 2002 年，使命是"以独立视角研究教育问题，以社会力量推动教育变革"，愿景是"成为最具公信力的民间教育智库"。目前，主要关注教育公共政策研究、教育创新研究和农村教育研究。在 2014 年上海社科院与美国宾州大学联合发布的首届中国智库排名中，21 世纪教育研究院获民间智库系统影响力第 2 名。首任院长为北京理工大学杨东平教授。

一个新时代正在走来。AlphaGo 的出现表明"信息技术呈指数级增长"的现实。美国未来学家雷·库兹韦尔在《奇点临近》一书中对人工智能进行了令人吃惊的预言，他认为机器智能将远远超越人类智能，这一"奇点"时刻为 2045 年。人类将选择与人工智能融合，在这个新世界中，人类与机器、现实与虚拟的界限将日益模糊……

变革剧烈而意义深远，也意味着巨大的风险。最直接的后果是，机器人将大量取代人类的各种工作岗位。2013 年牛津大学的研究表明：美国 47％的工作面临被人工智能取代的风险，日本的比例是 49％。而由于初级岗位太多，中国 77％的工作将可能被机器人代替。

尽管库兹韦尔本人对人类的未来持乐观的态度：人类将因技术的进步而过上休闲的生活，并且将获得永生；但多数科学家和工程师都具有"悲观主义"的特点，他们认为人类将难以在新世界中找到自己的位置与生活的意义。既然"未来已来"，人类如果不想被机器人"统治"，就必须有所行动，未雨绸缪。面对未来如此严峻的形势，人类命运将何去何从，教育创新又该何去何从？

其实，人工智能不过是近一个世纪以来不断加码的技术对生活方式的改变、技术对教育挑战的最新案例。从广播、电影、电视、录音录像技术、计算机技术，直至互联网的出现，教育和技术的融合、纠缠和论争一直不断。尤其是互联网技术对传统教育模式的冲击，为教育变革提供了无限可能性，掀起了世界范围内教育创新的热潮。也是在这一背景下，教育与技术之间呈现出令人瞩目的错综复杂的关系。

一、 "学习的革命"： 新的教育场景

在全球化、信息化和互联网技术时代，知识的生产、传播和获取发生了巨大变革。各种搜索引擎、内容网站、在线图书、知识分享工具、学习工具、电子设备和终端、视频课程、大型在线课程（MOOC）、虚拟课堂等学习形式的出现，以互联网、云计算、大数据、物联网、人工智能等为代表的信息技术在教育领域中的广泛应用，科技全方位"入侵"教育，人工智能＋教育的趋势已经清晰可见。

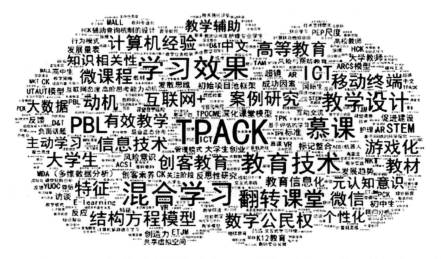

　　互联网和人工智能技术的快速发展，已然引爆了"学习的革命"。教育技术对教育的改变，包括利用 MOOC、微课等手段改革课堂教学；通过科学设计优化教学资源的使用效果，注重满足学习个性化、可视化、多元化的需求；通过大数据、虚拟现实、机器人技术等的应用，改变教育评价、教学管理，建设"智慧校园"。以往单向的知识灌输或技能培养的目标已经过时，创造力、想象力、多元智能、综合素养和核心素养成为新的教育目标。课堂教学模式也在改变，诸如小组合作和团队式的学习模式、以解决问题为主旨的项目制学习模式。学习的在线化、个性化和社群化，没有围墙、没有边界、基于网络的非正式学习，自主交互的社会化学习，打破时空限制的移动学习正在成为现实，我们正在走进"随时随地，无处不在"的学习化社会。个性化、多元化、终身化的教育新范式正在形成。

尽管以知识记忆、强化训练、考试至上、追求高学历为特征的应试教育依然强悍，拒绝退场，但它日暮黄昏，终将退出历史的结局也已清晰可见。越来越多的年轻家长开始选择自主学习、创新教育的新路。

在 K12 教育之外，资本市场和教育培训行业已成为发展教育技术最敏感和强有力的推手。教育市场上出现了教育技术应用的爆发式增长。几大应用领域包括教育信息化，互联网 + 教育，人工智能 + 大数据，前沿科技以及编程智能课程等。中国的一些教育公司和互联网巨头开始斥资研究教育技术。如好未来成立科技板块，投资教育创新。腾讯也开始创建自己的教育品牌。如今腾讯不仅是新东方的第二大股东，也是 16 家教育公司的投资人，涵盖 K12 到成人教育，同时推出了腾讯课堂、企鹅辅导、ABCmouse（腾讯英语乐园）等在内的自营在线教育产品。阿里巴巴同样在教育领域广泛布局，在其各个业务版块下都有教育业务，并且面向中小学推出钉钉未来校园方案。小米、网易、360 等都纷纷投资教育，在互联网 + 教育领域上发力。共育在线等教育科技公司针对中小学校的改革方向接入许多高新科技设备。

在线教育按照产业链分工，可以分为三个层次：内容提供商、平台提供商和技术提供商。目前在国内，就产业链的三个层次而言，内容提供商和技术提供商较为成熟，平台提供商尚处于初级阶段。2017 年，中国在线教育市场规模达 2002.6 亿元，同比增长 27.9%。经过前两年的野蛮生长和市场检验，部分重要赛道的商业模式已经成熟，现阶段资本市场开始回归理性，而创业者也变得更加谨慎，市场整体开始步入初步成熟期。未来几年，中国在线教育的市场规模同比增长幅度会持续降低，但增长势头保持稳健，预计在 2022 年，其市场规模将达 5433.5 亿元。

腾讯的主要创始人陈一丹在 2016 年捐赠 25 亿港元设立全球最大规模的教育奖—— 一丹教育奖。最近，陈一丹再次捐赠价值超过 40 亿港元的腾讯股票。在这笔捐赠的推动下，陈一丹基金会将成为一家专注于教育的公益机构，立足于"深耕教育研究、推进教育实践、倡导终身学习"这一使命，聚焦推动教育发展。

2012—2019年中国在线教育用户规模

自 2017 年开始，人工智能在教育创投领域曾红极一时，巨额融资不断爆出。但到 2018 年年初，人工智能的关注度似乎已经趋于平缓，百度指数甚至跌回至一年前的水平。其原因在于各类 AI 产品对生活的改变远小于人类预期，甚至在营利能力上，人工智能也未找到成熟的商业模式。

回顾历史，21 世纪基于深度学习而引发的人工智能浪潮已是人类第三次陷入对 AI 的狂热。而过去几年，从 O2O 到 VR，人们已经习惯一个新概念快速兴起而又迅速冷却，人工智能也没能"脱俗"。下一个风口在哪儿，才是更多人关心的问题。

在教育技术为教育创新提供了无限可能的同时，这场"学习的革命"的面貌其实并不清晰，甚至陷入自相矛盾的困境。

正在出现的教育生态，一方面是教育技术对教学的深刻影响和无所不在的改变，甚至势不可挡，出现了"培养人工智能时代的'原住民'"这样超前的理念。美国心理学家彼得·格雷认为："计算机、智能手机、应用程序、电子游戏、虚拟现实/增强现实、3D 打印机，这些都是这个时代最重要的工具，不让孩子玩这些东西，就像不允许狩猎时代的孩子玩石器和飞镖一样荒谬。"机器人、3D 打印成为学校素质教育的"新宠"，甚至成为标配，摆放在多功能教室里。

另一方面，在应试教育的现实中，以提高考试成绩和升学率为目标，学校和家庭对电子产品、智能技术、互联网的使用都严防死守。严禁学生在学校使用手机、平板电脑，成为保障升学率的不二法门。由于手机和网络游戏导致的家庭冲突，成为青少年自杀的重要原因。对电子产品的恐惧，除了显而易见的不良效果，关键还在于我们对它太陌生。家长和教育者对"网瘾"、手机控之类的问题几乎束手无策，随着人工智能的进一步普及，孩子与机器之间的关系会发生什么样的变化，又会出现什么新问题，我们也无法预料。因为孩子的社会情感技能，如同情心、想象力、自制力、社交能力等，传统上是在自然真实的环境中"玩"出来的，转移到数字平台之后，会发生什么样的变化？"像增强现实/虚拟现实这种技术，使得虚拟与现实之间的界限变得越来越难以分辨，会对孩子的心智产生什么样的影响？社交网络既有建造一个全球性的学习共同体的潜力，也有可能把孩子们带向一些奇怪甚至危险的境地，作为成年人，我们又要如何应对这一场'有史以来最不受监管的社会实验'？"

德国哲学家雅斯贝尔斯是技术中性论的温和拥护者，他认为"技术在本质上既非善的，也非恶的，而是即可用以为善，又可用以为恶……只有人才赋予技术以意义"。显然，问题是我们还没有做好准备。

二、 教育技术 VS 教育公平

1. 利用网络资源弥补乡村教育差距

以互联网＋教育为代表，通过教育技术来改善农村和边远地区的教育，从而促进教育公平和提高教育质量，是国家长期以来高度重视教育技术，投入大量资源的基本原因。2018 年 4 月，教育部发布《教育信息化2.0 行动计划》，将通过网络对偏远地区进行联校网教正式写入文件。许多教育机构也在利用互联网技术，弥补城乡之间教育资源的差异，并取得了积极的成效。

沪江网在 2015 年 10 月发起的一个互联网＋教育的公益项目，打破时空限制，用互联网思维开展线下和网络双线并行的支教行动，为中国乡村教育的底部攻坚提供了"低成本、高效率、大规模、可持续"的解决方案。仅两年时间，该项目就连接起全国 30 个省份的 3000 多所中小学，影响 10 多万名教师和 100 多万名学生。这些公益课程成为许多乡村学校开展美术、音乐、手工、英语等短缺课程的重要途径。该项目以集合影响力打造社会影响力，解决了大规模的教育资源不均衡问题，实现了从公益创新到社会创新的改变。

2017 年 9 月，乡村青年教师社会支持公益计划（简称"青椒计划"）在教育部教师工作司指导下，由友成基金会、北京师范大学、沪江网联合国内 30 余家公益组织、学术机构、爱心企业发起。其培训模式由 1.0 时代"实现在线直播功能的数字教室"向 2.0 时代"开放式、扁平化、交互化的虚拟社群"转型，激励参训教师分享互动，通过网络链接架构学习共同体，形成相互信任和鼓励的社群。每个人不仅是学习者，还是自媒体，拥有分享、表达、传播的能力与权利，这极大地激发了教师学习的热情。

在四川宜宾最薄弱的农村初中凉水井中学，教育科技企业"爱卡的米"与学校合作，打造"爱米课堂教学云系统"，改善凉水井中学的日常教学：以资源库的形态对互联网资源进行模块化处理，再通过教师、学生层层地接入进来，将传统封闭课堂转变为在线的、跟互联网世界相连接的信息化教学平台。这一教学系统极大地提升了学校整体的教学质量，使之成为当地农村的"明星学校"。

这些成功案例是互联网助力乡村教育的曙光。

2. 围绕"一块屏幕"的讨论

2018 年底，媒体报道成都七中网校利用远程教育系统用一块屏幕改变边远地区的教育现状，十几年来共有 88 人考上清华和北大，引起了社会的高度关注，也引发了大家对互联网＋教育的讨论。

进一步的信息显示，该项目是由名为成都七中闻道远程教育网校的企业实施的，已经进行了十几年。其操作模式并非面向全体学生或大多数学生，而是在甘孜藏区的部分学校设一个"远程班"，选拔当地成绩名列前茅的学生，配备最强的师资进行强化训练。"远程班"的收费不菲，文科生每年 6 万元，理科生每年 7 万元。这种直接将名校名师课堂搬运下乡，忽视大多数学生的利益，将城市"掐尖"和强化训练的应试教育模式转移到乡村，难免为人诟病是唯升学率、唯名校论在作祟。

对此，积极开展"双师课堂"实验的友成基金会副理事长汤敏认为："技术不能解决一切，但在解决优质教育资源分布不均衡的问题上，互联网技术开创了一条全新的道路。"汤敏做的"双师课堂"与成都七中一样，都是用互联网把优质的教育资源大规模地向贫困地区推广。区别在于成都七中走的是面向少数人的商业模式，在高中阶段做高收费的教育；而汤敏所做的是在义务教育阶段推广免费的公益教育。

"一块屏幕"作为一个典型案例，说明网络技术能不能改变贫困学生的命运，不在于技术本身，而在于使用技术的人，在于教育价值对教育技术的不同导向。凉水井中学与成都七中网校正是两个不同的选择：是利用互联网技术面向大多数学生，整体提高农村学校的教学质量；还是利用"掐尖"和强化训练，复制面向少数尖子学生的"精英教育"？

3. 如何有效弥合"数字鸿沟"

教育部教师司司长、教育信息化专家组秘书长任友群指出，教育信息化的应用在发达地区和欠发达地区有三道鸿沟。第一道是基础设施和资源上的差距——"数字鸿沟"，也就是许多互联网 + 教育在尝试填平的。第二道是"新数字鸿沟"，指的是拥有信息技术后，能够积极使用技术服务于教学的提升和只能被动地"消费"互联网内容、无法有创造性地转换之间的差距。第三道更加深的是"智能鸿沟"，指的是教师和学生是否能够深刻理解、充分把握技术对周遭环境的影响，培养相应的能力，从而发展个体自身与社会。

线上教育分为课内教学和课外培训两部分。前者的问题除了资源供给、内容提供等方面，很大程度上是要防止其被商业化、资本化的机制所异化；而迅猛发展的课外培训，则确定无疑地正在成为造成学生阶层教育差距的新的动因。根据艾瑞咨询发布的《2017 中国教育培训行业白皮书》的数据显示，为孩子选择校外课程的家庭，每月可支配收入超过 5000 元的占了 65.7%，其中每月可支配收入超过 10000 元的，达到了 23.6%。这些家庭 83.3% 都来自一线和二线城市。也就是说，越是发达城市，越是重点学校，越是优势阶层，其对教育培训的投入就越大，从而加剧了"富者愈富、贫者愈贫"的"马太效应"。国外的调查显示，美国、韩国的情况同样如此。

可见，简单地通过互联网"移植"资源，容易忽略隐性不对称，进一步拉开"高级技术使用者"和"低级技术使用者"获取教育资源的能力。以平衡发达地区和欠发达地区教育资源差距的互联网＋教育模式，或是在此基础上延伸出来的教育信息化技术精准扶贫模式，并不是解决教育公平的根本之道，其本身也存在许多局限，不仅设施的普及率与使用率不成比例，也会掩盖资源之外更为重要的不公平因素。

也许，我们对教育技术乐观主义应该保持谨慎。促进教育公平，提升欠发达地区的教育品质，显然有更为本质的方面：需要回归对人的重视，加强对教师和学生的重视和投入；同时，需要加强教育与生活的联系，以及促进社区和学校的联系，等等。

三、 人工智能 VS 人类智能

面对未来，要适应互联网和智能机器人时代的挑战，教育不是要与机器竞争计算能力、解题技巧，而是要更大程度地发挥人的智能。如同苹果公司的 CEO 库克所言，"我不担心机器像人一样思考，而担心人像机器一样思考"。然而，"用人类智能战胜人工智能"的命题，现在似乎还是一种自我激励的理念。

1. 美国的个性化学习"节节败退"？

基于互联网后台的技术支持，面向不同学生提供不同的学习内容，从而实现大规模教育下的个性化学习，是互联网＋教育最具影响力的教育创新。然而，创新的实践并不那么顺利。

2017 年 11 月，以个性化学习著称的位于硅谷的创新性学校 AltSchool 宣布关闭多个校区。家长质疑科技包裹着的"个性化学习"，即使在使用了那些自适应学习产品，设定了自主的学习进度，学生依然显得被动。有家长称，"每一个孩子都在做不同的事情，这是一种孤立；孩子们在可汗学院学习基本的数学技能，这是没有人情味的；它没有实体，也没有连接，一台电脑一直充当着我和学生之间的中间人"。也有人反映成绩并没有得到提升，而且教师和学生变得疏远。核心问题就是科技到底是否能够帮助个性化学习的实施？个性化学习是否已经可以大规模推广？

AltSchool 的学生在学习

另一个引起争议的是扎克伯格花千万美元力推的"巅峰学习"在线教育项目。《纽约时报》的一篇文章将它推上了舆论的风口，指出该平台存在"不适合学生阅读的内容""影响学生交际能力""过分索取学生隐私"以及"造成心理生理创伤"等问题。"最令学生抓狂的是，他们现在每周与老师见面 10 分钟，甚至大多数情况下这点时间还不能保证。"涉事学校痛斥《纽约时报》严重误导，称"巅峰教育"项目在全美已经有 380 余所学校和 7 万余名学生参与，并不存在"替代教师"的问题，也不存在"强迫学生一整天对着屏幕"，而是有多种多样的课程。然而，与传统教学相比，由于"巅峰教育"长时间使用屏幕，缺乏人际交往，对其有效性的争论无疑会持续下去。媒体的这个说法尖锐而残酷："硅谷家长严格限制甚至将孩子送进'不允许使用电子产品'的学校已经是'公开的秘密'。与此同时，硅谷的精英们却在力推美国公立学校普及在线教育。"

扎克伯格是个性化学习不遗余力的推广者。其中一款 K12 数学领域的自适应产品—— Dreambox Learning，通过算法向学习者推荐其想要学习的知识。目前，在全美已经有超过 200 万的学生用户。然而，教育变革的"硅谷速度"也是个性化学习被诟病的原因：原本建立在反标准化基础上的个性化学习，现在则希望如同"工业化"那样快速复制，大规模输出。

在技术教育和个性化学习方面，显然，如同谷歌董事长埃里克·施密特所说，真正的威胁是全世界的教育系统还没有准备好，它没有教授学生如何与那些日益聪明的机器一起协调工作。

2. 教育技术能取代教师吗？

无论个性化学习还是自主学习，目标都是将学习的主动权从教师转换到学生，使学生学会学习，成为一个自我驱动型的学习者。自适应学习技术的突破和产品化，让个性化学习的教学理念的实践变得"高效"，人工智能技术的不断发展，也让更多的人相信不久的将来，人们将会拥有 AI 教师，它终将在教学环节中起到核心作用，通过数据和算法来规划孩子们的成长路径。但是，为什么得到高科技助力的个性化学习被教师所质疑，甚至遭到拒绝？究其本质，是没有处理好教师的位置。在现有的个性化学习产品中，教师更像是一个有人性的小型数据处理器，学生则变成了一个被学习行为所操控的机器人。

在线教育对教师功能的影响和改变是十分复杂深刻的。在中国教育的现实中，一方面在互联网＋教育的逻辑下，教师教学不断从线下走上线上，在网络空间开展课程设计、教学、研讨和评测。他们的教学活动所产生的数据被记录在大数据平台上，成为教师专业化成长的平台和机制之一，也出现了一批脱离传统课堂的"网红"教师。

另一方面，大数据和人工智能在教学中的应用，尤其是培训行业的教师培训，追求的是完美的程式化教学模板，用大量的资金投入打造最高效的课堂教学模式，形成一个相对固化的"最优"课堂流程。这种模式被大量复制，用于培养"标准化"教师。教师不仅失去了主体性价值，教学也失去了多样化，失去了探索和创造的空间。以个性化、创造性、未来教育属性为追求的智能时代的教育，在单向度的技术和商业逻辑驱使下，再次走上了标准化、批量化的工业化大生产轨道，这不能不说是一种严重的异化。

教育培训并非学校教育的常态，只是一个特例，但它的确蕴含着高技术、大数据时代对教学的某些实质性的改变。在效率、技术和分数的驱动下，教师的个性、品质、风格、温度等都是相对次要的。一种流行的思维，用一个水平最高的"网红"教师取代所有教师在网络授课，岂不是质量和效率最高？微观的层面，在每一间教室，教师都屈从于大数据、人脸识别技术的监测、管控，形成对教师和学生的评价和考核。师生之间有机、丰富的生命联系，将让位于技术媒介上的数据联系。

至于教师究竟是否会被技术替代，在什么样的意义上被取代，取决于我们对未来学习、未来学校的想象。教师的工作可分为两类，以教学设计、情感交流为代表的创造性工作和以批改作业、问题解答反馈为代表的机械重复性工作。未来教师的确需要与技术协同完成教学。如果说机械重复性的工作可以更多地被技术所替代，那么，师生互动、教学相长的情感交互和创造过程是机器所难以替代的。众所周知，学习者的情绪、心理、道德、情感等非智力因素对于学习的重要影响，正是企图以机器代替教师的高技术"个性化学习"模式的根本缺陷。这样的教育金句在高技术时代仍然不会过时："师生关系就是教育质量！"

3. 教育技术与教育评价

脑科学、大数据技术和信息化平台的发展，正在推动教育评价从以结果性、考试分数为唯一依据的评价方式，转向多维度、全景式、过程性的评价机制。

近年来，越来越多的技术平台开发了评测工具，诸如学生佩戴的电子手环、学校搭建的智慧教室、自适应的在线学习平台等，这些智能技术的应用可以全面地对师生动态数据进行感知、采集、分析、监测和实时反馈。同时，教育心理学发展出多维度评价体系，评测维度从传统的知识点进行认知考核，包含社会情感能力、沟通合作能力、思维能力、自我规划能力、信息技术能力等，发展为信息技术和评测技术两者的结合，使学校得以对学生的学习情况做全方位的、更为精准的综合评价。

这样实时的和全息化的评测，积极的方面，可以实现管理者对学生学习发展状况的精准诊断，可以对不同学习需求的学生做个性化的指导和支持，以及对有不良习惯或者行为的学生，给予针对性的矫正和服务。

然而，事情还有另一面，评价本身在对学生进行着比以往更深入的规训和塑造。全景式和精准化的评价方式、无处不在的数据收集和监视，使青春期和儿童期的学生处于全方位的严密监视中，被"罩"在一个网中，迫使学生的一言一行、一举一动符合设计者的"标准答案"，具有很强的功利性"诱导"。综合评测的结果会使人看到学生"全面发展"的假象；学生生命中自然、灵动、微妙、丰富的人性元素，被框定在了评价体系僵硬的边界而趋于消弭，最后，牺牲的是学生的主体性和人性。

因此，我们要特别警惕对教育技术无处不在的应用，加以人文和伦理的考量和制衡。我们需要回答，对于儿童和青少年学生，我们是用全方位的监控、测量去"捆绑"他们，还是还他们以自由、自然的生存环境，让他们在挫折和失败中成长，自主学习适应社会的态度、情感和技能？我们还需要回答，对于好的教育、未来教育的理想，我们究竟应当营造一种低评价、低管控、低竞争的教育生态，还是回到用 21 世纪的技术武装的 19 世纪泰勒制的"教育工厂"模式？

4．教育技术与家校关系

类似的情况也出现在家校关系之中。新兴的交流软件革新了家校沟通的方式，家校微信群成为方便教师通报情况、发布通知的家校沟通平台。通过线上交流，家长能够实时收到孩子的学习进度和改进需求，极大地增加了家校沟通的频度和密度。然而，问题也由此而来。

微信群的"迭代"异化，首先是层出不穷的广告和"列队恭维"等信息，使家长不胜其烦，教师也徒增大量干扰。其次是无法保护学生的隐私。教师在微信群公布学生成绩和排名、表扬和批评学生，不但会造成家长的不满，也会侵犯孩子的隐私权。也有一些家长会在微信群中炫耀家教的成果，诸如各种获奖信息以及"昨天我家孩子做数学做到很晚"，等等，无端增加了家长之间的攀比和焦虑。

家庭与学校的不同分工，构成学生教育、生活的两极，它们有着不同的行为策略和重点。家校微信群通过全天候的"无缝链接"，使得两者的边界逐渐模糊、功能趋于紊乱。这必然会导致一系列的教育问题。例如，加重了教师负担，教师承担全天候为家长答疑解惑的责任，发送与课业相关的讯息，还需要管理和规范微信群的运营，而这完全是额外任务。又如，学校教育占据了家庭教育的空间和时间，家庭时光完全变成了学校时光，使得家庭教育被动地依赖于学校教育。由于社会舆论对成绩的要求日趋加重，身为教育主体的教师掣肘颇多又苦不堪言，不得已将压力转嫁到家长，将教师的负担下移为家长的负担。

由于技术导致家校关系的边界不清，是中国特有的教育问题，需要研究者、学校、教师和家长共同面对和加以改变。

四、 关于 "未来学校" 的想象

关于未来学校和未来教育，我们已经有了一些基本的理念和价值准则。

教育技术的应用和教育创新，并不是用21世纪的技术去强化19世纪的教学，不是去实现应试教育的"数字化生存"，不是用越来越严密的技术去管控甚至"绑架"学生和教师。互联网不仅是一种技术，还是一种文化。我们要汲取互联网所体现的自主性、开放性、互动性、去中心化、去权威化、服务至上、公众参与、信息公开、资源共享等价值，将它们融入现行教育，从而产生革命性的反应，促进人的自由发展。

通过互联网技术和智能技术的创新，走向终身教育和学习化社会，促进教育的个性化学习、自主学习和社会化学习，走向以学习者为中心、以培养创造力为中心的教育。

通过互联网技术促进教育公平，改善教育的可及性，大幅度提高教育效率，帮助教育边缘化群体获得有质量的教育，弥合城乡之间、阶层之间、民族之间、性别之间的教育差距和"数字鸿沟"。

世界各国的有识之士正在不遗余力地身体力行，将这些理念变为现实，以赢得未来的竞争。

1. 改革教育的前提是转变教育观念

OECD（经合组织）教育专家、有"PISA（国际学生评估项目）之父"之称的施莱克尔认为，在信息化、人工智能、社交媒体等的冲击下，学校面临的挑战会越来越多，但我们仍然延续的是工业化时代的学校模式，主张标准化和服从。例如，课程处于教学设计金字塔的塔尖，由政府

设计完成，之后转化为具体的教学内容和学习环境，再由一个个教师负责讲授。施莱克尔认为，这种教育体系和模式，明显跟不上当前急速变化的时代步伐。特别是，这个时代的变化快到我们的教育体系无法及时回应，即使是全球最优秀的教育部部长，也无法同时公平地满足几百万名学生、成千上万名教师和数以万计所学校的不同需求。

（1）转变以教育行政人员的立场设计教育体系的模式。在施莱克尔看来，当前教育改革要亟待转换的，是应对全球教育挑战的态度。充分释放教师和学校的潜能，并为变革提供空间和相关支持。必须激发教师和学校领导的积极性和聪明才智，让他们参与设计高层次的教育政策和实践。

"关键是教育制度设计要以学习者为中心！教育改革者需要告别过去那种完全站在教育工作者和教育行政人员的立场设计教育体系的模式，需要转变观念，以学习者为中心来开展有效教育变革。"

（2）真正应对挑战的策略，是帮助学生学会学习。施莱克尔表示，今天的教育必须转换理念，并以培养学生成为终身学习者为目的，因为当前的学生可以通过网络搜索获取知识，而且知识获取的渠道已经越来越丰富和便捷。同时，学校的角色也应转变为帮助学生不断演进和成长，让他们能够在变化的世界里正确定位自己，帮助他们面对人类还无法想象的挑战。

（3）发展学生的非认知能力。今天的学校教育，更需要关注培养包括创新思维、批判性思维、问题解决能力和判断能力等在内的思考方式，包括培养认知和使用新科技潜能的能力等在内的工作方式，以及包括培养在一个多元世界中成为一个积极且负责任公民的能力等在内的主人翁意识。此外，也需要学生熟悉其他领域的知识，也要求学校在帮助学生实现个人学业成功的同时，培养他们的团队合作意识。

在施莱克尔看来，社会和情感素养包括性格方面的品质，如毅力、同理心、换位思考、专注力、道德品质、勇气和领导力等。过去20余年里，他到访过的所有精英学校，都极其重视开发学生的这些性格品质。它需要与传统不同的教学方式，也需要完全不同类型的教师。它要求教学成为一种有着强烈自主性与合作文化氛围的职业。这种职业把教师变成高级知识工作者，并且使教师角色转变为称职的专业人士、高尚的教育工作者、合作式学习者、创新设计师、转型领导者和社区建设者。为此，学校也应朝着更重视教师职业专业性的方向变革。

OECD 组织已从 2018 年起，开展与 PISA 测试并行的 SSES（社会与情感技能）测试。苏州市参加了首届测试。

2. 走向创新学校

改变传统的"教育工厂"模式，通过向学校赋权、实行教育家办学的方式，不少国家公办学校的改革已经风生水起，颇具规模。例如，美国的"特许学校"、英国和瑞典的"自由学校"、韩国的"革新学校"等。由于变革传统的公办教育体系是一个巨大的系统工程，越来越多的有识之士选择自己动手，创办小规模的创新学校。美国的 AltSchool、Minerva（密涅瓦大学）等都是如此。

2014 年，科技奇才、特斯拉创始人马斯克让 5 个孩子退学，直接创办了一个学校——Ad Astra School（拉丁语，译为英文是"To the stars"），国内译为"星际探索"学校。马斯克认为传统学校就像是"流水线生产"，总是让孩子争取"完美"履历，却忽视了培养孩子解决问题的能力，Ad Astra School 则相反，这里 9 点半才开始上课；在教室里，虽然大家都在学"计算机科学"这门课，但因为进度、兴趣不同，不同的学生学习不同的语言。还有一组学生则在鼓捣应用科学——他们准备在几周后利用气象探测如何将气球上升到高空，正在计算应该在哪里发射以及将在哪里捡回去……有的时候，还会一起做一个项目，比如小组合作写一份商业计划书。这个学校最小的学生仅 7 岁，最大的学生有 14 岁。学校不分年级，没有统一的教学计划，以学生的实际能力和兴趣为主，学校倾向于让学生解决实际问题，让他们理解并学会"批判性思维"，重视提出问题、解决问题的潜力。

虽然马斯克创立了很多科技公司，但令他最惊讶的是他发现电子设备并不能在学习上发挥巨大的作用。坐在屏幕前使用电脑学习的时间每天只有一个多小时，因为孩子们更希望互相交流。很多时候即使只有一张纸，也能创造一些很好的项目，因为这个年龄的孩子有这种想象力。最重要的是用正确的方式来释放它，而不是花时间看屏幕、看手机、看平板电脑。他完全撤销了对电子仪器和平板电脑的依赖，代之以自我驱动、团队合作学习、以伦理讨论和情感发展为基础的教育。

马斯克认为未来是与人工智能共进退的。因此 Ad Astra School 没有那么注重 STEM（科学—技术—工程—数学）教育，也没有那么注重语言教育，因为植入式脑机接口的研究表明，学习语言已成为过去，将不是未来的需求。他的学校更侧重于人类生活、人类智能的方面：包括抽象推理、战略、伦理、决策、协作等。

美国的创新型大学 Minerva 也是一个好的范例。它借助互联网的力量，把线下教学资源无限扩大，凭借严苛的学术标准、科学的教学方法和优秀的师资，利用技术先进的互动式学习平台，加上四年真实的全球体验，成为一所"全球性"大学，将向全球未来的领袖和创新者们提供非同一般的文理科教育。Minerva 的"主体"位于美国旧金山，从大二到大四的六个学期，学生走遍位于世界各大城市的六个校区（包括香港、孟买、里约热内卢、悉尼、伦敦和开普敦等地），充分利用当地公共资源，最大限度地融入不同的文化，掌握不同的语言，并充分利用不同地区丰富的课外辅导活动，开阔视野，提升个人生活能力，最后还能在毕业前建立一个全球网络关系。Minerva 的四个特质是"连接未来，全球格局，个体关注，学习习惯"。

在以高技术为特征的创新学校之外，还有大量关注教育与生活、与儿童经验的联系，注重儿童的自然生长、身体心灵协调发展的学校，如蒙台梭利学校、华德福学校、夏山学校等。在中国，也出现了一批不同特色的小规模创新学校。它们共同构成了人类面对未来挑战的激动人心的教育画卷，这是一场真正意义上教育换频道、换赛场的国际竞争。

未来教育面临八大趋势①

倪闽景②

面对技术的爆炸式发展，我们的教育会发生哪些变革？

从引力波预言成真，到近年来不断颠覆人们想象的人工智能技术发展，当下的"00后"正面临着一个和我们完全不同的时代。在技术的快速发展之下，世界知识的增长速度已经远远超越每个人的学习速度，未来教育正面临着崭新的八大趋势。

今天我的报告主题是：为创新而学，迈进校外教育新时代。让我们一起来思考，在整个教育形态发生深刻变化的背景下，校外教育可能会产生怎样的变化。

---

① 本文根据在2017年长三角地区校外教育交流研讨活动上的现场主题报告进行整理。
② 倪闽景，上海市教育委员会副主任。

一、 技术颠覆想象， 每个人都可以创造自己的知识

当今时代，新技术的飞速发展和变革对我们的影响非常巨大。比如引力波，从 2016 年 2 月 11 日正式公布发现引力波以来，现在已经发现了四次引力波。前面三次都是两个黑洞变成一个黑洞，产生引力波。最近是两个中子星合并发出的引力波，人类采集到了它的引力波，也同时采集到了它的电磁波。

这项惊人的技术，在我读大学的时候，还只是一个科学猜想！但在未来它究竟有什么用，仍未可知。就好比 200 年前，有人预言有电磁波这样的东西，直到 100 多年以前，人们真的发现和应用了电磁波。现在我们使用的手机都和电磁波有关。

匪夷所思的科技无处不在。中国科技大学潘建伟研究的量子通信被很多人关注。人的思维、人的情感可能都和量子纠缠有关。有人说人类和机器本质上的不一样，可能正是因为量子纠缠。中国已经可以做到发射量子卫星，我们在这方面的研究已经远远走在世界前列。量子纠缠带来的科技领先也才刚刚开始。

再比如基因编程和干细胞技术。可能大家也觉得基因编程离我们很遥远，实际上它已经走入我们的生活当中。2016 年 3 月 5 日，一个孩子在无锡妇幼保健院生殖中心诞生。为什么要特别提到这个新生儿？因为这个孩子就是经过基因筛查诞生的一个健康宝宝。

还有一项匪夷所思的技术——干细胞技术，可能大家也觉得离我们很遥远。但东方医院干细胞研究中心正在研究从人体中提取一滴血做成干细胞。干细胞提取以后，因为特质不是很明显，所以可以大量复制。而人体细胞有皮肤细胞、神经细胞、肌肉细胞等各种细胞。复制好以后的干细胞

可以转换为人体的各种细胞，应用范围将十分惊人。

刚刚简单提及的几项新技术，在我们的课堂教学中还没有体现，但是在校外教育中已经体现。因为基础教育的结构非常严谨，而校外教育可以更加宽松，更加超前。

埃隆·马斯克是一个非常有意思的创新者，他在 28 岁的时候发明了 Paypal（贝宝），就好比是国外的支付宝。他把 Paypal 卖掉以后，拿了 1.4 亿美元，又开了两个公司，一个是特斯拉，还有一家公司是做太阳能的。但最有趣的是，他还开了另外一家公司，叫美国太空探索技术公司（SpaceX）。埃隆·马斯克在他写的书里说，他必须要死在火星上。大家知道，一个人死在火星上很难，所以他搞了一个航天公司，计划将来把自己送到火星上，这就是 SpaceX 项目。

2015 年 11 月 1 日，SpaceX 成功实现了第一节火箭回收。把卫星发上去以后，一节火箭可以重新回收，加入燃料，又可以发射。按照原始的设计要求，做一次可以发一百次。换句话说，他的火箭发射成本是原来卫星发射成本的百分之一。

大家可能还看到报道，2016 年 5 月 11 日，他在沙漠里试验成功超高速管道列车的一个动力系统，这个超高速管道列车时速可达每小时 6500 公里。今天我坐和谐号回到上海，时速是每小时 280 公里。6500 公里的时速比飞机都快得多。我们国家也在做类似的计划，建成后北京到上海只要 20 分钟！

借用这么多匪夷所思的新技术的例子，我想表达的是，技术可以让一个人拥有极其强大的力量，这已经完全颠覆了我们之前的想法。

如果说埃隆·马斯克是一个超人，那我们再来看一些普通人的例子。这个人比我们在座的每一个人都要普通——余秀华，一个普通的农村妇女，是位残疾人，但她非常出名，还出了两本诗集，最有名的一首诗叫作《穿过大半个中国去睡你》，大家可以看一看她写的诗集。如果没有技术，她的生活也许完全不同。我们这个时代，知识可以非常方便地获取，每个人都可以创造自己的知识，只要你的知识有品质、有特色，很快就会成为大家分享的焦点。

2017年，首批"00后"已经进入高校了。有人说现在"00后"的孩子和我们不是一类人。他们这一代人最大的特点就是喜欢分享。大家知道，分享需要条件，在物质极大丰富的时代才会有分享。现在流行极简主义、断舍离等，就是因为物质极度丰富。物资匮乏的年代是很难有现在这样普遍的分享概念的。

我读大学的时候，还经常被人偷走自行车。但是现在大家平时都在用共享单车，放在马路上的单车为什么基本上没有人偷？因为现在大多数人都已经不在乎一辆自行车了。当下是物质极大丰富的时代，我们的孩子已经不能理解我们小时候的生活方式了。

有两个APP（应用程序）大家可能都用过，一个叫"在行"，一个叫"分答"。在座的校外老师，如果没有使用过，建议大家用一下。

"在行"，意为"在某个方面的行家"。比如这位刘女士，她是一家文化传播公司的董事长，她可以在教育培训创业方面提供知识。如果你想搞一个教育培训创业，你可以约她。当然，约她你可能要为知识付费。当然你也可以成为专家，人家来约你，可以分享你的时间，分享你的经验。

"分答"，通过分享问题的答案来盈利，这个模式也非常有意思。有一位曾女士，她问了王思聪一个问题，你作为亚洲首富的儿子，你的人生还有什么买不起的？问这个问题要付给王思聪3000元，你愿意吗？我相信没有人愿意。但是，"分答"有一个功能叫"1元偷偷听"。你点一下，付1元钱，就可以偷听王思聪是怎么回答的。这样，五毛钱给曾女士，五毛钱给王思聪。曾女士问这个问题的一个星期后，偷偷听的有26167人，曾女士自己赚了1万多元。这种知识盈利的模式充满了创新，但是它的特点就是分享。你们有没有发现，知识可以分享，问题也可以分享。

希拉里 2016 年竞选总统时，跑到中学拉票，她一说"同学们好"，一挥手，所有小朋友都转过身自拍了。我们"60 后"不会这么干，但是"00 后"会这样，我要和她同框，所以要转过身自拍，这个已经深入骨髓了。

我们来看最重要的学习资源——书本。电子书时代，成本已经趋于零，大量的古籍像《红楼梦》，或者外国作家的一些原版书，只要已经过了版权的时间，全部可以免费下载，孩子们应接不暇，不像我们小时候一本书要看几十遍，因为我们当时只有这一本书。

江浙沪地区的很多小孩，到过的国家比到过的省市还要多。他们的整个生活经历已经和我们完全不一样。所以千万不要认为，他们也应该和我们一样。

我们身处在中华民族伟大复兴的时代，但我们要思考一个大国崛起需要什么基础？

大家看英国，300 年前是世界第一。它是如何争得第一的？

牛顿，大家都知道，1643 年出生，到现在我们学物理的中学生，大部分时间还在学牛顿力学的内容。还有法拉第、卡文迪许、麦克斯韦、瓦特、发明火车的斯蒂芬孙等都是英国人，所以英国成为世界霸主。

我们再看近一百年来的世界霸主美国，它为什么会成为世界霸主？

大家都知道，爱迪生发明灯泡，莱特兄弟发明飞机，古尔马在 1940 年研制出机电式彩色电视系统，1942 年费米领导建成第一个原子核反应堆。到了 1976 年，苹果公司发明第一台个人电脑，是木头做的。苹果公司的老板乔布斯在 17 岁那年，和他的同伴两个人在他们家的车库里面拼装了 200台苹果机。就是靠这 200 台木头苹果机，苹果公司发展成为现在全球最大市值的公司。真正的强国，是科技上的强国，所以，我们校外的科技老师任务很重。

二、 关于教育发展的八个趋势

教育一直在改革。请大家注意，教育改革是全球的趋势，为什么总是在改？是不改不行！

第一，知识更新加快。有统计说，现在的人平均一生会更换超过 10 份工作。原来的知识可能无法适应社会发展的需求，但是我们教育机构的课程还是原来的内容。最近有个预测，未来银行职员、政府官员、会计淘汰率都高达 90%。我前段时间去奉贤区看一家印刷企业，这家企业在生产装比萨的盒子。自从变成智能制造以后，整个生产线全部采用机械臂，企业里原来有 500 个人，现在只需要 2 个人坐在电脑前操作，其余 498 个人都不需要了。

对于我们整个知识体系来说，最大的挑战是什么？人的认知能力，从孔夫子时代到现在，人类的脑子没有多大变化，人的认知速度一直没有变快，但是世界知识的增长速度是越来越快的，在 1976 年左右，世界知识增长速度已经超越了每个人的学习速度，这是什么概念，我一说你们就明白了。我们读大学的时候，人们会觉得大学生是天之骄子，现在没有人这样说了，那个年代学好知识真的有用，单位觉得大学生来了不得了，因为他懂很多。现在大学生毕业到了企业后，自己都觉得大学学的东西没有用。不是他不努力，是这个世界知识增长速度超越了每个人的学习速度，他再努力学，也是越来越无知。

大家明白这个道理吗？这是对我们教育的最大挑战，所谓我们孩子负担重，不是其他什么原因，就是这个原因。因为世界知识增速太快，我们要学的东西太多了。2014 年的数据显示，每年产生 800 万首新歌，你学了几首？200 万本新书，你看过几本？还有 1.6 万部电影，你看过几部？最近有一个同事说她老公疯了，他在家里装了个小米盒子，天天晚上看电影看到不睡觉，看的电影数量绝对不如上架的电影速度快。

第二，脑科学对教育产生的深刻影响。上一个星期，我请台湾地区非常有名的脑科学家洪兰做了一个报告，讲脑科学和育儿，讲得非常精彩。脑科学领域现在是一个全球争夺的焦点，我们国家投入很高。我们也在计划成立一个人工智能和脑科学学习的研究机构。估计以后高考会很简单，不用考试，只要给你看某个东西，测你的兴奋度就可以了。有的人脑部就是零零星星的反应，有的人大脑就像放烟花一样，人脑的不同表现完全可以可视化，很真实。

脑科学对教育的影响非常深刻。每个人的大脑都差不多，最左边的是额叶，额叶就是额头前面的部分，额叶是大脑皮层最重要的地方。7万年以前，在大脑皮层这个部分，又有一次进化突变，出现了语言。所以，我们额叶大脑皮层这一块是非常重要的，千万不要打孩子的头。顶部是顶叶，和逻辑思维有关，也和人的寿命有关。越长寿，顶叶越宽。爱因斯坦的顶叶特别宽，数学逻辑思维特别强。枕叶在脑后部，和视觉有关，光线从眼睛进入一交叉，神经传到脑后面，就是处理视觉的。头部两边叫颞叶，主要处理来自耳朵传来的信息。

在大脑的深处还有很多东西，中间有一个丘脑，这是苍蝇这样的动物最高的神经中枢，因为苍蝇没有大脑。人是慢慢进化而来的，越深的东西越早进化成型。这里面有两个很重要的东西，一个叫海马体，海马体是扁扁的，估计是像海马而得名，有两个。海马和人的记忆有关，如果割掉以后，就记不住眼前的事情了，但是以前的事情记得住。

还有个杏仁体和人的情绪有关，把杏仁体割掉以后，人就不再有恐惧了，什么欲望都没有了。我们把大脑皮层放大，可以看到大脑的神经细胞，我们大脑的神经细胞有多少个？一千亿个，恰好和宇宙现在能发现的星团数量是一致的，所以有人说，大脑就是一个小宇宙。神经细胞外面有很多细细的像树枝一样的东西，叫树突和轴突，连接的部分叫作突触。经过学习，人的突触会发生变化。一般人的突触比较小，经过长时间增强训练的人突触会变得很大。

大脑通过训练可以实现惊人的改变，前提是专注的训练。大家知道宋代的米芾练习书法的经典故事。据说他在家里面练书法，练不好，他去向校外老师求教。老师说，你要跟我学，没问题，但是你要买我的宣纸，三两银子买一张，必须买十张。米芾一咬牙买了，但买回去后他看着这个宣纸不敢写，因为太贵了，三天没敢写一个字。三天后，老师来了，非要他写。结果，米芾三天的进步超过了三年，因为他虽然三天没落笔，但是脑子里一直在想怎么写。

大脑突触能够变大，和分泌神经递质有关。分泌的递质是促进兴奋的，就有利于学习；分泌的物质是抑制的，就不会让信息通过。大脑有两套快乐系统，一个和兴奋快乐有关，叫多巴胺，就是跑步产生快乐感的原因。还有一个和满足有关的快乐，叫脑内啡。有一个实验发现，考试前嚼口香糖有助于提高考试成绩。因为嚼的时候，大脑以为在吃好吃的，就很愉悦，然后多巴胺就出来了，做题目的时候就容易发生连接。有人说脑科学是人类击败人工智能唯一的机会，而且大脑的很多能力我们还远远没有挖掘出来。

第三，学习的本质是塑造人的大脑。如果说，学了，大脑没有改变，就等于没学。任何有效学习的过程，都在大脑里面留下了东西。什么叫学习？学习就是把别人脑子里的知识、书本里的知识或者网络上的知识，通过学习变成我们自己脑子里的知识。这个过程实际上就是大脑发生新连接的过程。

从学习的本质上来看，为什么说我们和孔夫子没有什么两样？因为我们要学会某一个东西，都要通过看，通过听，通过触摸，发生的信号通过神经来刺激大脑，分泌物质，产生连接。这个过程不可能加快。大家不要以为有了信息化技术，我们就不用学习了，百度一下就可以，这是不对的。因为你百度一下，知识并没有在你的脑子里，而是在电脑屏幕上，和印在书上是一样的，只不过电脑显示得快一点。要变成你脑子里的知识，还是要经过那套神经系统，百度不是真正的学习。

有本书叫《刻意练习》，这本书里面有一句让我大吃一惊的话："正确养育，任何一个孩子都可以变成天才。"我们总认为天才生下来就是天才，而作者认为没有天才这个说法，都是后天训练出来的。每个刚生下来的孩子，除了基本的呼吸、心跳、运动以外，所有脑神经回路都是通过后天刺激形成的。

有一个非常经典的猫眼睛实验：出生三个月的猫，如果把它的左眼缝起来，八个月后打开，这个猫就会成为"独眼龙"。三个月到八个月是生长枕叶脑神经回路的时候，八个月以后，脑神经回路稳定了，这个阶段右眼把整个枕叶都用掉了，左眼就失明了。也就是说三个月到八个月的时候，对孩子的视觉形成至关重要。再比如说刚出生的小孩没有自闭症，自闭症是两年到三年才产生的，而恰恰这段时间里因为家长不正确的养育方法导致了孩子的自闭症。

这本书里还讲了一个研究案例，说韩国围棋高手的平均智商是90，而韩国人平均智商有100。围棋顶尖高手，他的智商低于韩国人平均智商，但我们都认为他们是天才！而研究表明是他们经历了正确的刻意训练，因为他们的教练训练方法得当。专业的训练会产生完全不一样的效果，而我们在座的人，都是校外教育的专家，你够专业吗？

学习有三种情况，一种是天真的学习，舒适自然的学习，反复做某事。还有一种学习叫有目的的学习，就像我们今天在一起，这就叫作有目的的学习，是专家的学习。还有一种学习是刻意练习，就像这本书里说的，针对问题精准持续练习，直到形成心理表征，每个人都可以成为天才。当你的训练很正确，然后达到一万个小时的训练，你的大脑就能形成一个和一般人不一样的回路，你就成了这方面的天才。

第四，教育依靠技术进行高阶学习。大家想想看，50 年以前，什么叫作学习？那时的学习等于识字和学算术。现在学习这么复杂，要学这么多东西，主要的原因是技术发展了。你们想想看，我们小的时候，学对数的时候有对数表，学根号有根号表，现在我们的小孩还用吗？用计算器就可以了。如果你有一个图形计算机，你就可以研究高阶的函数图象，加一个 1，加一个平方，图形就变了，而我们以前只能学到二次函数。

谷歌推出了一个和 VR 有关的立体的画图工具。我花了 300 元专门体验这个工具，在一个空间里面跑来跑去作画，画了一棵树，可以从四面八方来看这棵树；你设计一个立体的服装，可以从四面八方看你做好的服装。这样的训练机会没有技术不可能实现。包括我们现在看到的 3D 陶艺打印机、六通道数码编辑机、原子力显微镜、激光雕刻机，这些技术将帮助我们的孩子体验我们小的时候不可能体验的一些东西。

第五，为创新而学成为可能。什么叫创新？创新的本质是大脑不一样。大脑怎么不一样？一个成年人的不一样，看他的八小时之外；一个孩子的不一样，看他的课外兴趣教育。从这一点来看，校外教育太重要。鲍勃·迪伦，一名流行歌手却获得诺贝尔文学奖，因为他的歌词写得和别人不一样。校外教育在促进孩子知行合一、连接社会、个性特长培养方面，有着不可替代的作用。开个玩笑，校外教育将来做广告可以用"孩子的差别在课外、在校外"。

第六，让学生成为知识的创造者成为可能。对孩子来说，有三种知识，一种是共同知识，这个很重要，我们校外教育也会承担一部分。共同知识就是让这个孩子能够成为中国人，拥有共同的文化基础，这是让一个民族凝聚起来最重要的要求，如果没有这个，谈不上创新。

第二种知识是个性知识。我觉得个性知识大部分是在校外完成的。他可能学钢琴，他可能学羽毛球，他可能学辩论，他可能去参加某一个夏令营，当然还可能看不一样的书。虽然我们校内也有拓展性课程，但我始终认为个性不是在课内形成的。

第三种知识叫创新知识，更是基本上在课外、校外完成的。所谓的创新知识，是指这个知识本来没有，是学生自己探究、自己创造的新知识。比如在 2010 年，有个 14 岁的孩子，他自己学习了为苹果手机制作 APP 的软件，开发了一个游戏叫泡泡球，做完以后上传到苹果商店。有一天，他的这个泡泡球下载量世界排名第一，下载了多少次？一天 70 万次，这个 14 岁的孩子一天就赚了 70 万美元。各位朋友请注意，小孩的脑神经细胞比我们丰富，他们拥有更多的创意，而且技术已经可以让他们把创意变成现实！

第七，人工智能将为学习提供新工具。这段时间人工智能很热，人工智能的提法是 60 年以前提出的，慢慢发展到 1997 年有一波高峰，就是大家知道的深蓝战胜国际象棋大师卡斯帕罗夫。1997 年以后有一段低迷期。在最低谷的时候，斯皮尔伯格拍了一部电影《人工智能》，讲了一个机器人小孩儿的故事。到了 2016 年，人工智能大爆发，主要是阿尔法围棋战胜李世石。请大家注意，阿尔法围棋战胜李世石，它用的是什么？用的不是电脑，而是服务器集群，25 万台服务器相当于 2.5 万台深蓝，因为深蓝是超级计算器。下一盘围棋，电费就要 3000 美元。和李世石下棋，25 万台电脑要连起来。人工智能的特点是可以复制，这是人工智能最可怕的地方，而人类学习无法拷贝！人工智能里面有很多技术，神经网络技术是人工智能的核心技术之一。

生活中已经有很多人工智能的应用，比如人脸识别，再比如微信里面有一个小冰主持人，你一直跟它讲话，它就会研究你的行为习惯。还有头条机器人，我们在座的人手里可能都有今日头条 APP，头条机器人叫小明。你每天看的东西，很多是他写的，叫小明看世界，还有小明讲笑话。我这里还有个 APP，它摇一摇就可以写自由诗。

第八，从经典学习到超级学习。什么叫经典学习？从孔夫子到我们现在的学习，古代人看竹简、现代人看屏幕都是经典学习，就是通过正常的渠道和自然的方法，把知识储存进我们的大脑。

超级学习是什么？我认为人工智能会成为我们学习的新起点。从技术教育的发展来看，我刚做老师那会儿，刻蜡纸刻得我眼睛都花了。那个时候还没有复印机、一体机，所以那个时候孩子的负担比较轻。现在不用刻，一拉就是一本。有了计算器，重复的计算就可以不学了。当然有些技术是促进感官感受度的，比如像 PPT、VR 等。还有一种技术可以降低获取知识的成本，比如百度、谷歌、知乎这样的平台。而人工智能和脑科学的综合应用，将从面向知识的单一工具发展到针对人学习的系统工具。

比如我戴了一个头套，戴上以后，它会产生 Alpha（阿尔法波），阿尔法波就会刺激你产生多巴胺，提高你的学习效率。你看一遍知识就记住了，它会让我们的学习提速。接下来五年之内就会出现大量的因为人工智能和脑科学而创造出来的学习工具。

所以，什么叫从经典学习到超级学习？我把它总结成四句话，超级学习就是基于脑科学的精准学习，基于人工智能的精准学习，基于人格化的创新学习，基于新技术的高阶学习。所以第八个趋势是我对学习趋势的总结。

三、 校外教育的问题和未来

习近平总书记在党的十九大报告中说，中国社会的主要矛盾转化为人民日益增长的美好生活需要和不平衡不充分的发展之间的矛盾。校外教育的发展有没有不平衡、不充分？有！

首先，我们来看校外教育的特点。什么是校外教育？这一句话可能最精准，就是学生利用闲暇时间参加校外机构组织的学习活动叫校外教育。校外教育的特点：1. 校外教育基本特点是多元化。从形式上来看，有体育、艺术、科技类学习，还有各种活动、比赛、文化补习资源，多种多样。艺术又可以分好多，器乐又有好多。2. 校外教育是半结构化的，开放性很强，时间、地点随意性强，流动性大，选择性多。3. 校外教育以体验和实践为主导，个性化服务要求高，和社会发展需求相关程度高，发展空间巨大。

其次，上海校外教育存在的问题。我概括为"七不"，即不平衡、不充分、不理性、不规范、不重视、不专业、不科学。特别是还没有好的校外教育理论做支撑。我查找半天也没找到好的校外教育理论，而我们校内教育理论很多。碰到了困难，我们往往不是用科研的方式解决，而是靠信念撑过去就算了。

体制内的校外教育受到校内教育和市场的双重挤压，目前上海正处在腾飞的初期，有点迷茫。一个是校内教育的校外化，比如英语，我认为超过一半是校外老师教的。另一个是校外教育校内化。以前我们没有钱搞一个实验室，通常都是放到青少年中心大家一起分享，现在我们有了资金，每个学校自己就可以解决。

再次，校外教育未来的七个方向。

1. 从标准化建设到内涵发展再到资源整合。我们现在重要的方向是资源整合，不是校外教育资源少了，而是我们整合能力不够。

2. 以公益化发展引导市场规范。因为我们体制内的校外教育弱了，所以市场就越来越强，也越来越不规范。实际上我们要做强体制内的校外教育，市场的校外教育也就容易规范了。

3. 以差异化思维来引领校内、课外教育。差异化，就是让每一个学校拥有自己的个性。

4. 以特色化创建形成丰富的区域实践。我希望我们各个青少年中心的特色不一样，比如嘉定少年宫有研究材料的实验室，闵行研究航天航空，浦东研究数字金融，奉贤研究健康美丽，各自有符合实际的特色课程。

5. 以综合素质评价为契机为孩子提供新机会。综合素质评价在高考、中考中都会应用，这是我们校外教育很重要的机会。

6. 以文化营造为特征形成国际原创品牌项目。所有国际品牌，首先都是在做文化。我希望大家有机会参观一下将在松江举办的中国顶尖的国际青少年机器人挑战赛（FIRST Robotics Competition，简称 FRC），看一下你就知道，发达国家是怎样设计机器人比赛的，非常刺激。

7. 以研究的态度形成新技术对校外教育的再造。一定要研究新技术，校外教育这一点还做得比较好。校外教育学习形态的交叉特征越来越明显，但是我认为慕课最大的价值，不是让一百万人学同一门课程，而是一百万人学一百万门课程。只有这样才会让一百万人的脑子都不一样。

最后，我想谈谈校外教育的工作方法。我这里给大家推荐七种工作方法。

1. 系统思维。做某一项工作的时候，要整体考虑，往前推一下，往后看一下，系统地设计。

2. 下移重心。今天在场的大部分人都是负责人，要把我们一线老师的能量发挥出来，所以下移重心，激活基层，这是很重要的方法。每一个校外教育的老师都是一条"龙"。

3. 专业导向。做活动要研究，才能不断提升品质，活动要常做常新。

4. 向市场学习。市场有什么特点，市场就是从专业化到产业化。我们现在只有专业化。从专业化到产业化，在这个方面，我希望大家可以向市场学习。

5. 校内外教育整体设计。我举一个例子，美国的博物馆里，展品下面会有一个小标签，这些小标签是用课程标准的具体内容呈现的，他们会把校外教育的东西和校内的连在一起，用同一个课程标准。同样，我们把学校的课外活动、区的青少年活动中心、市的活动中心和省级活动中心系统架构起来，形成金字塔形的构架，这个整体设计还是非常重要的。

6. 阵地建设。大家注意，校外教育不能节节败退，一定要有阵地意识。搭平台要有拿来主义的意识，就会把自己做强。

7. 梳理学生主体意识。所有活动、所有架构都是围绕学生展开的，要激发孩子的主体意识。对学生有意义的、有趣的、有压力的，都是非常好的设计。校外教育的科技、艺术、体育等方面，我们正在做激励学生自觉学习的系统方案。

邓小平曾说，电脑要从娃娃抓起。那是我们校外教育发展最快速的时期。我们现在的条件比那个时候要好很多，但是发展速度比不过那个时候。我们希望长三角地区一起研讨大家共同碰到的难题，分享我们各自取得的心得，如果一直有这样的平台沟通，我相信长三角地区的发展会非常快。再次感谢大家给我这个机会，谢谢大家！

数据驱动下的教育

车品觉①

最近有一本书叫《第七感》，书中用了很大篇幅讲述中国国学大师南怀瑾的生平，以及他对于现今互联网世界的看法。南怀瑾的观点是："今天，人们不断与计算机和机器产生连接，这样的连接正在改变我们的思维模式，但人们似乎并不明白正在发生的一切。"简直是一语中的！每逢新时代来临，都为人类社会带来创新的契机，同时也伴随着不可忽视的破坏力，大规模的毁灭与大规模的建设，都与这样的连接紧密相连。我认为，这次新时代的变革是来自万物连接后的巨大信息流，这些巨大信息流，除了改变人们知识的制作过程和成本，还会颠覆知识传输的速度，正因如此，人工智能在这个新时代里才得以重生和爆发。

在人工智能的众多研发中，最让人兴奋的是人工智能如何提升"学习如何学习"的能力，且在"深度学习"这方面最为突出，深度学习使机器模仿视听、思考等人类活动，解决复杂模式识别的难题。而使用最广泛的

---

① 车品觉，红杉资本中国基金专家合伙人。曾任阿里巴巴集团副总裁，阿里数据委员会会长，全国信标委大数据标准工作组副组长。

是"监督学习"能力——该技术可以利用标记样本来训练系统。以垃圾邮件过滤为例，这项技术会建立起庞大的样本数据库，使得每条样本被标记为"垃圾"或"非垃圾"。深度学习系统可以使用这种数据库训练，通过反复研究样本和调整神经网络内部的权重值，改善垃圾邮件的识别准确率。这种方法的优点在于，并不需要人类专家制订规则，系统能够自己直接从数据中学习。同样的应用案例还有分类图像、识别语音、发现信用卡欺诈交易、自动语言翻译等。

再举一个与教育相关的例子，美国高等教育一直面临学生留存率的难题，产生这个难题的痛点是该课程收费不低，学生程度参差不齐。据美国国家教育数据中心统计，就 4 年制学位教育而言，近三分之一学生未能在 6 年内毕业，公共资源的浪费可想而知。如何用大数据来改善这个情况？美国乔治亚州立大学作为一所研究性大学，在高等教育领域内树立了典范。该学校有半数以上的学生都来自低收入家庭，很多学生在大学里都很努力学习，却始终不能跨过毕业合格线，特别是出身低收入家庭且是家中第一代上大学的学生群体，他们不能毕业的情况最为严重。未被人广泛注意到的问题是，学生经常因为选择了与自身综合能力不符的科目而疲于奔命。总的来说，根本原因在于，学校方面没有给学生提供合适的指导机制。

为了解决这一难题，乔治亚校方选择引入大数据分析技术，专门追踪学生进度及预测他们的成绩：分析模型系统根据每个学生入学前几年的成绩数据，加上他们目前在学校的选修课程难易情况、出席情况及考试成绩，系统可以自动检查该校 3 万名本科生的 800 多个相关变量，标记出数据模型认为的会遇到困难的学生。例如，如果一个工程学学生没弄懂微积分的一个知识点，导致物理学习步履维艰，该系统就可以在微积分课程中找到学生必须复习的部分。从前，教师可能要与学生谈上半天，才能弄清楚学生成绩不佳的根本问题其实不在物理，而是微积分学得有问题，现在通过这个系统瞬间就可以搞清楚根本原因。何况，很多分析结果其实具有共通性，甚至在新一批大学生入学前，教师就可以及早准备针对每个学生的学情调研，并且给予学生适合个体的指导机制。乔治亚州立大学的大数据分析试验效果立竿见影，该学校的辍学率在系统使用的第一年就降下来了。

此外，人工智能可以"帮助人类学习"的能力与发展趋势，同样不容忽视。相比其他领域，人工智能似乎在语言学习上有更为明显的优势，最近出现一个很流行的移动应用，名为多邻国（Duolingo），是一种主打在线语言学习的应用。它能够以人工智能的方式加快用户学习语言的速度，并判断不同人的学习模式。例如，有些人较适合先学习名词再学形容词，又或者有的人对图像更加敏感，用图片记忆法更容易让其加深记忆，等等。实际上，对于语言学习，没人真正知道哪种学习方法最适合自己，这款应用能把人类学习兴趣化、游戏化可能是它的成功因素之一，它解决了"如何帮助大家坚持学习"这个长久以来的难题。可见，人工智能作为人类学习的辅助工具是一个大方向，肯定是未来需要关注的一大趋势。

最后，我希望借用刚去世的物理学家张首晟教授的一段演讲来启发思考："我们曾经看到鸟飞，人也非常想飞，但是早期学习飞行只是简单的仿生，我们在自己的手臂上绑上翅膀。但这是简单的仿生，达到真正飞行的境界是由于我们理解了飞行的第一性原理就是空气动力学，有了数学原理和数学方程之后就可以人为设计最佳的飞行，就是现在的飞机飞得又高又快又好，但是并不像鸟，这是非常核心的一点。可能现在人工智能是在简单地模仿人的神经元，但是我们更应该思考的，在这里面有一个基础科学重大突破的机会，就是我们真正去理解这其中的智能和智能的基本原理，基本的数学原理，这样真正能够使人工智能有突飞猛进的变化。"

在教育领域，比如中学阶段的科普学习固然重要，但别忘记，学习系统的改进才是根本性的创新。如果你想构建一个足球王国，却没有建立良好的青训系统，这个足球王国会困难重重。人工智能应该会颠覆很多不同行业领域、不同个体的学习过程，未来人类将要面对的最大竞争并非来自机器人，而是来自如何突破使用人工智能的新思维方式。

科技与教育四题①

程介明②

一、 机器智能的联想

笔者曾经收到中央电视台的一个视频，是人与机器的钢琴比赛。台下都是少年，大概都是钢琴手吧，也有父母陪同的。首先是来自意大利的机器人与少年钢琴手在幕后演奏。钢琴家郎朗一下就听出来了，因为少年钢琴手弹错了一个音，而且人弹出来的比较有情感。接着是比赛速度，弹的是《野蜂飞舞》，结果是机器人以 52 秒比 54 秒胜出。

听众自然是非常兴奋，却引起了笔者不少联想。节目最后，郎朗、少年钢琴手与机器人双琴联弹，合奏了《彩云追月》。结束之前，主持人说：

---

① 本文内容原载于《上海教育》杂志"介明视线"专栏。经过作者与杂志社同意，修改并转载。

② 程介明，香港大学荣休教授。

"未来也许会越来越多地听到机器人在台上演奏。"当时就想，真的吗？要是真的台上都是机器人在演奏，会有听众吗？现在许多大旅馆都会放一台钢琴，它根据电脑编程自动"演奏"，人们也许会偶尔好奇驻足看一眼，什么时候见过有人围观？又想，真要如此，您是愿意坐在音乐厅呆看机器表演，还是愿意回家听名家的多声道灌录？

又联想到：机器人的功能是什么？人类需要机器人取代的是什么？不需要、不应该被机器人取代的又是什么？笔者在香港听过一位颇具权威的科学家讲述机器功能（即人工智能）与大数据发展的前景。负责评论的是一位佛学的高僧，他说："那好！有机器替我烧饭，替我洗衣服，那我可以静心修行了！不过……"他继续说，"机器可以替我修行吗？"引起满堂哄笑，却饱含着智慧。

当时座上还有人问："什么都给机器替代了，那人类还做什么？"讲者答："那就可以随心随意做一些平常没机会做的事情，比如钓鱼、打猎……那不是马克思理想中的世界吗？"当时笔者就不同意："钓鱼、打猎，本来就是生产劳动，是贵族们大部分的生产劳动被劳苦大众替代了，不需要自己做了，钓鱼、打猎才变成余暇活动。"说到底，这些现在人们向往的活动，是不是迟早也会被替代？

我们乐于使用电饭煲替代柴火烧饭，乐于使用交通工具高速达远，乐于使用手机随时随地沟通，乐于看到运用科技进行无痛微创手术，等等。今天，科技可以做到人类单靠自己双手做不到的事情，但是，人类自己双手能够做到的事情，应该被替代的（而不是可以被替代的）有多少？有哪些？替代到什么程度？简单来说，科技的发展就是为了替代劳动吗？

劳动是人类最基本的活动，是因为劳动才有了人类。（这不是恩格斯的论述吗？）是人类的活动在塑造人脑的发展，这也是学习科学的基本原理。人类懂得掌握工具，使人类的活动变得复杂，也使人脑达到其他动物没有的复杂性。但是，如果人类的工具变成取代人类活动，降低人类活动的复杂性，人脑难道不会逐渐退化？

举个简单的例子，计算是教育里面不可或缺的课程。但是假如幼儿一开始就只用计算器，加减乘除不过是计算器上的符号按键，我们的孩子会更聪明吗？还会懂得计算吗？日本至今没有取消小学的珠算，是有道理的。

另外一个例子，现在很多孩子很快就掌握了拼音输入，还有几岁的幼儿可以用拼音写出几千字的文章，令人慨叹。但是，代价呢？孩子不写字了。深圳市谭力海的团队，实证了不写字的孩子往后会有阅读困难。更不要说中国的文字不像其他注音文字，其含义远远超过语音。

还有一点，机器下棋可以比人类强，是因为它的记忆容量与运算速度可以超过人脑。弹琴可以比人类快而准，是因为它有53根手指（当然要是只用两根手指弹琴也不难），功能集中在弹琴。但是下棋的机器不会弹琴，弹琴的机器不会下棋。就像汽车可以跑得比人类快，但是汽车不会唱歌、烧饭、看书。要像科幻电影造成全能的机器人，也许还有一段长路。然而，科学家们已经在研究创意的机器智能、情感的机器智能……那是为了什么？

不要误会，笔者是相信科学的，绝对不是要对科技泼冷水，也无意散播科技悲观主义。但是，科技的发展需要研究如何对人类有利，如何对人类不利，大概不算过分，也不算过早。对于这些，科学家大概没有研究，这也许不是他们研究的范围。难道科技就这样放任地发展下去？谁来研究？谁来掌握？

二、 科技发展： 喜兮？ 忧兮？

机器智能，一般称为人工智能，因为英文是 Artificial Intelligence

（AI）。但有科学家认为应该叫作机器智能。相关探讨意犹未尽，这里延伸一下。

一是社会影响。最近在全世界开始有声音要研究机器智能的影响。机器智能代替人类，有没有一个极限？也就是说，有没有过分的境地？最近有一个撰写法律文件的APP，号称因为它的出现，消灭了美国55万个法律职位。这也许并不会引起人们的惋惜，因为律师是赚大钱的行业。但是，机器智能首先取代的，最容易取代的，也是取代得最多的，却偏偏是收入最低的、社会底层的、简单的、劳动型的工作——工厂工人、司机、农夫、清洁工……

有人说，这从来都是科技发展的方向，洗衣机、洗碗机、电饭煲……不都是这样出现的吗？取代了这些简单的劳动，人类就可以从事高层次的工作。人们却会问，这些高层次的工作在哪里？那些社会底层的劳苦大众会有怎样的生存空间？

现在也有人说，科技发展迅猛，迅速地取代会引起社会问题的迅速爆发。社会和政府有这样的准备吗？

二是操守问题。科学发展要不要有操守的准则？最近有关改造胚胎基因的个案，就是一个很好的例子。从科学角度看，绝对是一种先进的技术，但是假如不顾道德操守，会给人类带来长期而广泛的祸害。

操守的背后其实也有科学的另一面。人们常常念念不忘要"人定胜天"，在与自然规律逆向而行的路上，人类已经走得很远很远。我们的衣、食、住、行，有哪一样不是努力在改变我们的自然环境？但是人类的一时方便与舒服，换来的却是长期的生态破坏。我们现在的生活对我们周围的树木、水、空气、土壤带来的影响，都在让环境愈来愈不适合人类生活。人类其实是在不断地与自己作对，不过更大的祸害将会发生在我们的后代身上，其实对后代很不负责任。冰岛人喜欢传说中的精灵，看到过借精灵智慧说的一句话："我们的地球，并不是从父母那里继承得来的，而是从我们子女那里借来的。"我们在不断地宣传环保，其背后更深层的思考，就会牵涉科技的发展与影响。

三是知识问题。研究和开发科技的人员，往往只知其一，不知其二。在不少场合，听到科技人员侃侃而谈，说在不远的将来，将不再需要教师的存在。现在流行的许多教育软件、APP、平台，往往只是按照学科里面内容的逻辑联系设计，以为学生按照这样的逻辑进程，就能学会知识。听的时候简直是心里发毛。这些科技高手对于人的学习规律，似乎一无所知。

比如说，不断看到电视新闻里面，日本、韩国有机器人教幼童学习，也经常看到父母让孩子在平板电脑上找软件学习，以为这些就是"未来的"学习方式。其实，学习科学研究有丰富的实证，人与人之间的沟通，是人类学习非常关键的要素。人与人之间通过镜像神经元（mirror neuron）的互相感应，是机器无法替代的。

又比如说，市面上有不少软件帮助学习者记忆英文单词，而且以累积的单词数目，作为英文好坏的标尺。其实，凭空记忆单词是没有多大意义的，学语言在于应用，不断应用就是学习的捷径，这叫作有意义的学习（learning in context）。现在一些先进的软件，就是让学习者不断使用，从中学习。

也因此，上海市闸北八中原校长刘京海与几位年轻软件工程师设计创建学科教与学电子平台，在笔者看来，这个"学程包"应该是突破性的创造，因为它的设计来源于特级教师的经验（也就是成百上千学生的学习经验），而且在设计的过程中，不断在一线教师中试用、修订。

上面提过，现在的机器智能大多数是单种技能的机器人——开车的、举重的、弹琴的、下棋的、种植的……多种智能的机器人在电影上可以看到，要真的制造成功，恐怕还要一段很长的历程。有些人说，机器不会创新，机器没有情感，等等。但是科学家会说："总有一天，我们会创造出能创新、有情感的机器人。"各位读者，你会感到高兴吗？

不知道这世界上有谁会担当这样的角色：看守着科技的发展，朝着有利于人类，而不是不利于人类的方向发展。这也许不只是道德操守的问题。退一万步，我们任由科技发展取代了人类的大部分活动，那么，人类没有了活动的驱动，人脑的进一步演化是更高级，还是更简单？

三、 人工智能与教育改革

最近有机会参加了不少有关人工智能的聚会与讨论，又有一些新的看法。

人工智能进入教育领域非常迅猛。到底人工智能与教育之间会是怎样一种关系，其实还需要认真探讨。而且许多方面的发展才刚刚开始，不宜过早下结论。

人工智能对于教育可以有良性的积极作用，那是毋庸置疑的。

第一，人类学习本来是在个别的人脑里面各自发生的，我们的教育制度把学生的学习过程划一化了，而且对他们的学习成果也是划一的期望。这是违反人类学习规律的，但是以往在工业社会，为社会培养各级各类人力资源的思维成了主流教育观念，于是社会劳动力的需求掩盖了学生学习的个别性。人工智能可以把学生从划一化的过程（时间和空间）中释放出来，也就是促进个别化学习。

第二，人工智能可以把学生的学习过程记录下来，让学生可以自我反馈，让教师可以观察从而改进，也让研究人员可以追溯学生的学习进程和特点，因此产生有关学生学习的大数据，并从中提炼出学生学习的规律。如果没有人工智能，只能靠教师的经验加上推测，改进自己的教学，学生也可能对自己的学习过程毫无认识。

第三，人工智能可以减轻教师的工作量。例如，很多人工智能的设计在于减轻教师的批改工作量，这属于替代人类劳动的一部分。

第四，人工智能若与虚拟技术结合，可以大幅度增加学生的经历。原来许多受地理距离和历史时代隔绝的情景，都可以通过科技的创造，让它们在学生的观感中再现；也可以把一些过长或过短的物理或生物过程运用技术展现出来，以供肉眼观察。

但是人工智能这些积极的作用，又会带来一些问题，不可忽视。

第一，人工智能的技术发展，允许而且要求对学生有精准的观察、量度与干预。问题是，教育的过程，精准一定是方向吗？学生的学习过程往往带有不完整、不完美、不精确的部分，有经验的教师懂得如何在大体正确的过程中，允许学生有缺陷。若非如此，就难以要求学生有学习的积极性。

第二，假如把注意力放在精准化上，会不会把一些过时的、保守的元素加以固化了？假如不断地研究考试的精准化，或者把刷题作为科技发展的园地，会不会把考试固化了？其结果其实是在助长应试教育。技术上这个研究过程是没有过错的，问题是对考试改革的大方向是促进了，还是固化了？

第三，在不少谈论中，人们都会不约而同地提到传统教学里面教师的人性、情感一面。老练的教师会从许多方面综合看每一名学生，而不是分析性地把学生看成一堆指标的合成。

第四，教师在教学的过程中，往往是在不经意间，通过点点滴滴的改变来改善教学的，里面也会有很多创新。要机器人做到这一点，要求是否有点过分？

第五，再说与人工智能几乎是同步发展的虚拟技术。笔者之前看过一些设计，让学生进入虚拟的自然界。假如我们只是强调虚拟的经历可以替代现实的经历，学生是否就更加不必去接触现实的社会和自然界了？

以上几点，只是不成熟的观察。从现状来看也许存在三类问题。

第一类问题：现在技术与教育的结合是技术作主导，主动地进入教育。教育界觉得有需要而要求技术界帮忙的占极少数。因此，往往是技术人员很有热情去拓宽技术的应用，而教育界只是被动地接受；又或者教育界觉得这是新颖的东西，是向前发展的方向，因此必须努力追上，而没有细想是否符合学生学习的过程。

第二类问题：从教育界本身来看，前述的问题似乎也暴露了目前教育、课程、教学的前瞻方向不够明确，因此对于教育下一步应该如何走没有强烈的意愿，因而也没有明确的界线，去辨清到底哪些技术是促进教育发展的，哪些其实只会让教育原地踏步，甚至妨碍前进。

第三类问题：又回归到笔者不断倡议的——要发展学习科学。不论是教育界还是技术界，技术用于教育归根结底是为了学生的学习。假如我们对学生的学习只是想当然的假设，或者是未经思考的猜想，那技术的发展肯定不会使教育往前走。

以上假如说得过分了，欢迎批评。假如是远远偏离了事实，那倒是笔者乐于听到的。

四、 耳濡目染现代观

笔者曾经不断探索学习科学。国际上的文献、有关学习的研究大都是有关知识的形成。对于非智力领域，或曰中、日、韩文化里面广义的德育是如何形成的，这方面的研究可以说还在起步阶段。

学生的价值观主要靠潜移默化——家庭的熏陶、朋辈的影响、教师的模范、学校的文化形成的。这些都是在长期的生活和接触之中，把一些日常的处事方式、待人接物的习惯、价值判断与取舍，逐渐内化成自己的思想与行为的习惯，不假思索，不言而喻。

譬如说，不同学校出来的学生，往往带有那所学校的特征。那是这所学校的文化——或曰校风使然。一所学校经过长年累月的运作，对学生的要求、学生的自我形象、师生之间的关系、对学生成败的看法、学校如何处理学生的家庭背景，都在影响着学生的人生观与成败感。

但是，上述的"长期"并不一定是必需的。一名学生经历了家庭的突变，引起思想骤变，那是常有的事。又或者到海外交换，短短的半载一年，可以改变整个人的人生观。笔者在大学宿舍当舍监，眼看许多中学毕业生，在宿舍经历密切的人际交往，不到一年就会改变自己的人生态度。但是，这些变化与形成不便于用分拆的因素来解释，因为那个过程是总体性的。

这里举一个例子，一位很出色的校长被派到一所最糟糕的学校，学生以"记过"为荣。一天，教师送来"记过"最多的"英雄"，他衬衣上的扣子全部脱落了。校长问他他不应。"回家叫妈妈给你缝上扣子再回来。"孩子扭头愤然地说："没有妈妈！"原来孩子的父母是老夫少妻，妈妈亦妻亦仆。校长一声不响，把学生带到校长室，让他坐在校长的转椅上，一针一线地替他把扣子缝好，学生泪流满面。这成了扭转校风的起点，这是学生产生总体性骤变（学习）的典型例子，笔者终生难忘。

但是现代社会这种潜移默化、耳濡目染，都可以在很短的时间内生效。尤其是社交媒体的出现，改变了整个人类总体性学习的过程。

第一，伴随着社交媒体出现的是许多"小圈子共识"（Groupthink）。一个群组对某些话题产生争议的时候，往往出现多数派与少数派。少数派的意见逐渐会处于被质疑、否定、攻击甚至被欺凌的地位。逐渐地，处于下风的少数派，或者客气地不出声（反正没有什么真正的损失），或者退出群组，甚至高调宣布退出，那就带有抗议的味道（"不与你们玩了"）。

第二，结果一个群组里面，逐渐只有一种声音、一类意见。群组里面的成员就会逐渐觉得，这种声音代表全世界，是全社会的共识。现在，许多人的总体社会观、世界观都是这样形成的。这种潜移默化的影响通过手机是非常迅速的。其他的因素——家庭、学校、传媒的影响就显得很小。

第三，由于是虚拟世界，资料与信息的来源也是非常随意的。往往成员都会选择符合自己预期的信息（self-selected information），而又不自知。于是，又不断加深了对小圈子共识的坚信。然而，从广义的"学习"来看，这是很多人"价值观"形成的过程，即"是与非""美与丑""合理与不合理""喜欢与不喜欢"等形成的过程。

第四，社会观、价值观形成的过程，其实不只是信息，而是信息经过加工而互相联系，编织成为"故事"，即有内涵的概念。这是总体学习的基本过程。社交媒体上的信息有点像拼图游戏里凑不齐的图块。要拼成一幅完整的图，需要一定的想象和联想。那些"缺块"的地方往往也是信息造假最好的空间。而网上信息的真假，大多数情况是无法证实的，实际上也很少有人会认真辨认。尤其是符合自己心中的"故事"（self-fulfilling stories），就更不会花精力去辨认。

第五，人们在社交媒体里形成了一个另类世界。这个另类世界因为社交媒体里的互相呼应，而使成员感到真实，"观感就是现实"（perception is reality）已经不是一句抽象的戏语。

从学习的角度看，这个过程是震撼性的，是颠覆性的，但看来却是不可避免、难以逆转的。这种学习，对我们教育工作者来说，是非常陌生的。

"学程包"——新技术助力优秀教师经验的重构、再造与创新

刘京海①　　陈婷②　　吴洪平③　　张红娟④

一、 问题的提出

（一）对学生的学习需求分析

实践经验告诉我们，有些内容教师教得效率高，有些内容学生学得效率高。有的内容教师讲清楚了，学生重复训练就可掌握；而有的内容教师讲得很清楚，但学生就是不理解，需要通过增加过程帮助学生自主学习与建构。国家课程标准也明确指出要关注学生的学习过程，创设与生活关联的、任务导向的真实情境，促进学生自主、合作、探究地学习。

为此，学校在如何辅助学生的自主学习与建构上一直在创新，鼓励学

① 刘京海，上海市成功教育研究所所长，上海市闸北第八中学原校长。

② 陈婷，上海市闸北第八中学校长。

③ 吴洪平，尚学博志（上海）教育科技有限公司。

④ 张红娟，尚学博志（上海）教育科技有限公司。

生自学教材和学案，教师们开展了大量尝试。从实践效果来看，在一些优秀学生群体中取得了不错的效果，而针对一些普通学生尤其是学习困难的学生来看，其效果并不理想。究其原因，我们发现，自学教材或者学案其本质是基于文本的学习，很难增强学生的体验与建构。

（二）技术与教学融合的现状分析

从现代科技辅助教学来看，以 PPT 为代表的应用对于支撑"教师的教"有很好的效果，可以增强教师的演示、展示，应用很广泛。而在支撑"学生的学"方面，在技术上仅靠具有增强演示、展示功能的 PPT 难以达到，创设情境、增强体验需要具有个别化、互动、反馈和数据记录等功能的 APP 来实现。

市场上有很多学习 APP 具有这方面的功能设计，经过调研和使用发现，这类 APP 一般存在三个方面的问题：一是 APP 的设计通常是以技术人员为主，主要依托他们个人的学习经历和体会，并非针对普通学生的学习需求；二是一个 APP 往往是解决一类问题，而教师要解决学科各类问题，需要寻找、学习和安装很多个 APP；三是每个 APP 都是基于自有设计记录数据，从学生角度无法实现汇总和统一。这些问题导致了教师在应用上很困难，实际效果不理想。

（三）通过"学程包"推进新技术与课堂教学融合

针对以上问题，为了让现代科技帮助改进教学，我们通过校企合作，组织了一批学科教学专家和软件工程师，两支队伍深度合作，从如何辅助一名学生自主学习、怎样获得更好的引领与帮助这个视角，开发了"学程包"这一新型学习资源。

二、 "学程包" 是什么?

（一）"学程包"释义

简单来说，"学程包"是支持学生基于移动终端，随时随地按自己的学习需求与特点开展互动学习的载体和工具。它是学生与书本知识之间生动有趣的对话包，是优秀教师根据自己与成千上万的学生在教与学的交流过程中，形成自己的独特经验，站在学生的角度，设计的符合不同思维类型的学生进入学习天地的思维导图。

从定位和功能上看，"学程包"是基于新技术的环境，针对学科教学中学生通过传统听讲很难掌握和理解的重难点，依据学习目标设计的有真实学习情境，以问题为引导，融入教师指导，有明确的学习任务、学习过程和评价手段等要素的互动学习资源。可支持学生自主操作、探究、试错、纠错，具有数据记录和实时反馈等功能。

"学程包"通常以学生为第一人称，以学生的常见思维（包括错误的）为起点，在关键之处会渗透优秀教师杰出的、自然的，而不显得突兀的指点与引导。它不是教师的思维"从天而降"，而是与学生群体或个体的思维对话，帮助他们在岔路口学会选择正确的方向。在思维的岔路口，思想借助于技术的力量，可以发挥无比强大的功能，也许这就是"学程包"的魅力所在。

（二）"学程包"示例

以"中点四边形"为例，"学程包"主要通过三个步骤来引导学生进行探究学习。

第一步，让学生猜想中点四边形是怎样的一个四边形，引导学生任意拖动原四边形，通过直觉观察来初步判断自己的猜想，然后再引导学生拖

动 *B* 点、*D* 点，小工具会增强 *EH* 和 *FG* 两条中点连线与 *BD* 对角线的显示效果，让学生进一步验证自己的猜想，得出平行且相等的结论。本步的设计意图是基于学生对三角形中位线的认知基础，符合学生认知经验，激发学生学习兴趣。

验证

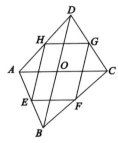

∠*HEF*=76°，∠*EFG*=104°，∠*FGH*=76°，∠*GHE*=104°，∠*AOB*=76°
AC=3.31，*EF*=1.66，*GH*=1.66，*BD*=4.56，*EH*=2.28，*FG*=2.28

你想构造怎样的图形，运用哪个知识来解决问题？（请填空）

图形：三角形 √

知识点：三角形中位线 √

请拖动点*B*或点*D*，看看在图形变化过程中，哪些发生变化了，而哪些却始终不变。

由此得出：

中点四边形一定是一个 _____

第二步，引导学生继续拖动四边形，试图探索在什么情况下中点四边形是一个菱形？在什么情况下是一个矩形、正方形？引导学生自主发现中点四边形与原四边形的关系可通过对角线来进行探索，如果对角线相等，则是菱形，如果对角线垂直则是矩形，如果同时满足以上两个条件，则是正方形。本步的设计意图是帮助学生简化变式，玩出规律。

深化探究

中点四边形一定是一个平行四边形。

1. 在什么情况下，这个中点四边形是
   一个菱形？

2. 在什么情况下，这个中点四边形是
   一个矩形？

   请拖动点 *B* 或点 *D*，看看在什么情况下，
   这个中点四边形 *EFGH* 是一个矩形？

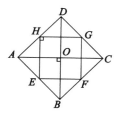

∠HEF=90°, ∠EFG=90°, ∠FGH=90°, ∠GHE=90°, ∠AOB=90°
AC=3.31, EF=1.66, GH=1.66, BD=3.56, EH=1.78, FG=1.78

当_____时，这个中点四边形是菱形；当_____时，这个中点四边形是矩形；

当_____且_____时，这个中点四边形是正方形。

第三步，引导学生探索如果拖动出一个凹四边形时，中点四边形会怎样？帮助学生进入自主拓展部分，本步的设计意图是玩出问题，引出思考。

变式1

如图，*E*、*F*、*G*、*H* 分别是 *AB*、*BC*、*CD*、*DA* 的中点，则四边形 *EFGH* 是怎样的一个四边形？（请填空）

_____

请证明你的猜想。

提示1

当_____时，四边形 *EFGH* 是菱形；当_____时，四边形 *EFGH* 是矩形；

当_____且_____时，四边形 *EFGH* 是正方形。

三、 "学程包" 的开发路径

教学是教和学的融合，只有教，是不完整的，只有学，也是不完整的。有的内容适合先教后学，有的内容适合先学后教。

因此，"学程包"的开发与教材、学案的开发相比较，共同点是由学科教学专家主导与设计，从优秀教师的经验出发，因为他们经历过上百、上千名学生的学习历程。而不同点在于"学程包"的开发是优秀教师基于新技术环境，对自己教学经验的提炼、重构、再造与创新。我们推进的基本路径分成两步，第一步是通过单个"学程包"的开发建立学科开发模型，第二步是推动学科体系化的开发。

（一）单个 "学程包" 的开发

一个"学程包"的开发一般经历如下步骤：

第一步，教师提出教学需求，由丰富教学经验的优秀教师（一般是教研员、特级教师）共同针对一个主题（重难点），探讨学生的学习难点、过程和需求，提出想法和初步设计。

第二步，工程师分析需求，基于教师的设计，针对学生探究学习过程中的关键环节，开发小工具。

第三步，教师应用小工具，嵌入相关资源和评价等内容，制作"学程包"，从中发现问题和提出修改需求。

第四步，工程师同步完善小工具，教师优化"学程包"，推进实践应用，二次提出修改需求。

第五步，工程师继续完善小工具，会进一步提炼与开发出这类功能应用小工具的通用模型，以适应各种不同的学情和教学风格。

以上过程中需要说明的是，"学程包"的开发与应用主体是优秀教师群体，从需求的分析、学习的设计、内容的呈现到应用的推进均是由优秀教师主导；而工程师主要是针对一些关键环节中，教师无法制作的功能，通过控件（教师称之为小工具）的开发来帮助实现。所谓控件也称为组件或者构件，大意是指软件中可重复使用的功能模块，如具有复杂功能的资源应用控件、检测题型控件、探究小实验控件、互动效果控件等，开发后可广泛应用于其他"学程包"中。使用控件的实现方式，有效避免重复开发，大大提升了教师和工程师开发"学程包"的效率。

（二）从学科模型建立到体系化开发

通过单个"学程包"的开发探索，形成学科基本模型后，再推动成体系"学程包"的开发与应用。这涉及不同学科、不同主题的需求，是一项周期长、不断探索的工程。这项工程总体经历三个阶段：一是以学期为单位梳理本学科相关主题，筛选出需要在教师指引下，增加体验、增加过程、自主建构的重难点，形成开发清单。二是选择一个主题进行开发，在开发与应用过程中发现问题、解决问题、不断完善，形成该学科"学程包"的主要开发模型。三是基于模型进行"学程包"的体系化开发。

四、"学程包"的应用方式

"学程包"在应用场景上可支持学生课内外自主学习，也支持教师开展"以学为主"的课堂互动教学。

"学程包"在应用方式上有两种：一是可支持教师下载，直接推送给学生学习或者开展师生互动教学；二是当已有"学程包"不能满足教师的个性化教学需求时，可支持教师从学生实际问题出发，依托现有的"学程包"进行二次修改，对已有"学程包"中的学习过程、学习任务等进行重新调整，满足个性化教学需求和不同教师的教学风格。

五、 "学程包" 的应用价值

"学程包"是落实技术和课堂融合、支持学生自主学习的一条新途径，其开发和应用在推动学生主动学习、教师与工程师跨界融合、优秀教师经验的提炼与共享、基于学习数据推动因材施教等方面具有重要意义。

（一）增强体验、互动、数据反馈与个性化，使学习真正发生

"学程包"的开发依据学习目标，为学生创设真实的学习情境，设计进阶式的学习任务，提供可支持学生体验、探究的小工具作为学习支架，可嵌入各类资源，并能根据教学的需求实现实时数据采集与反馈，增强了体验、互动、数据反馈与个性化，使每一个学生都可以经历体验、思考和知识建构的过程，使学习得以真正发生。

（二）优秀教师和工程师跨界融合、协同创新

"学程包"的开发，没有新技术不行，没有优秀教师的经验更不行，不把优秀教师的经验在新的资源和环境下重构、再造也不行。这一过程是优秀教师对自身经验在新技术背景下的重构、再造与创新。

在此过程中，针对一些教师所需的技术效果，工程师并非通过直接编写代码完成，而是通过提炼需求，开发通用的控件（小工具）帮助实现，这种方式支持教师可二次应用小工具另行开发或更新"学程包"，有效保证了"学程包"的开发速度与应用更新，这是技术应用的创新。

在开发与应用过程中，教师与工程师打破壁垒，两支队伍发挥各自的优势，深度协作，实现了跨界融合、协同创新。

（三）优秀教师经验的重构、再造与创新，推动优质教育资源辐射

从教育资源均衡的角度，"学程包"的开发是提炼优秀教师丰富的教学经验，基于新技术重构教学资源的一项工程，其本质是优秀教师经验的

提炼与物化，它的应用可帮助普通教师快速成长，推动优质教育资源的辐射。

（四）学习行为和结果数据的采集，推进因材施教

"学程包"在开发时依据教学的需求提前进行数据"埋点"，应用时基于 xAPI 标准（行为数据采集标准）全面采集学习行为和结果数据，实时反馈，支持教师实时了解学情，随时调整教学策略，为教育推进因材施教提供了新的途径。

重塑学习方式：游戏的核心教育价值及应用前景①

尚俊杰②　　裴蕾丝③

　　最近几年，伴随着互联网教育（也常称在线教育）的快速发展，教育游戏也越来越热。加拿大学者巴格利曾经分析了新媒体联盟在 2004 年到 2012 年期间发布的《地平线报告》，他在其中先后提出 37 项新技术，但是只有 7 项被后期的报告证实，其中"基于游戏的学习"排在第 1 位。由此可见教育游戏（或游戏化学习）的重要性。在知网中以"教育游戏"为主题进行搜索，2001 年只有 10 篇文章，但是到 2014 年已经有 417 篇，而且很多博士、硕士将其作为了学位论文题目。在产业界，越来越多的大型企业进入了教育游戏领域。

　　可是，尽管教育游戏已经受到了社会各界的重视，一个不争的事实

---

　　① 本文系 2013 年教育部人文社会科学研究一般项目"利用教育游戏培养学生创造力的理论与实践研究"（项目编号：13YJA880061）研究成果。本文首刊于《中国电化教育》2015 年第 5 期第 41—49 页，已获得期刊和作者本人授权。
　　② 尚俊杰，北京大学教育学院，博士，副教授，研究方向：游戏化学习（教育游戏）、学习科学与技术设计、教育技术领导与政策等。
　　③ 裴蕾丝，北京大学教育学院，硕士研究生，研究方向：游戏化学习。

是：目前教育游戏还没有在课堂教学中得到普及性应用，很多校长和教师仍然存在疑惑：为什么要用游戏？不用行不行？游戏的核心教育价值究竟是什么？本文就试图通过对文献和研究案例分析来回答这些问题。

一、 游戏的教育价值： 基于传统的视角

（一）古典游戏理论

尽管游戏是伴随着人类的存在而存在的，但是人类对于游戏的系统研究却比较晚。在古希腊时代，柏拉图认为游戏满足了儿时的跳跃的需要。亚里士多德则认为游戏是非目的性的消遣和闲暇活动。一直到康德，游戏这一最古老、最平常的现象才开始进入理论思维的视野。康德把游戏者和艺术工作者联系到了一起，客观上提升了游戏的地位。到席勒的时候，游戏的地位提升到了新的高度，他认为："只有当人充分是人的时候，他才游戏；只有当人游戏的时候，他才完全是人。"

这个时期的游戏理论，常称为古典游戏理论，主要试图通过哲学推理得出人们为什么要玩游戏，游戏的本质目的是什么等问题，其中最具代表性的有四种：精力过剩说、松弛消遣说、复演论和预演论。其中精力过剩说可以追溯至席勒，他认为游戏就是要发泄过剩的精力，后来英国哲学家斯宾塞进一步发展了该观点，认为游戏是生物体为了适应自身进化而出现的一种消耗剩余能量的方式；松弛消遣说最早可以追溯至德国哲学家拉扎鲁斯，他认为游戏是一种放松，是为了从日常生活的疲倦中重获精力；复演论是美国心理学家霍尔从胚胎学的角度出发提出的理论，他认为游戏是一种经验回溯，反映出人类的文化发展，如特定年龄的儿童会呈现狩猎、野蛮、游牧、农耕和部落等不同阶段的行为；预演论的代表人物是德国生物和心理学家谷鲁斯，他以自然选择理论为基础，认为幼小的生物体为了

生存，必须不断完善本能以适应复杂的环境，而游戏则是对这种本能的无意识训练和准备。古典游戏理论从本能和进化的角度阐释游戏的价值，虽然存在较大缺陷，但却首次将游戏作为一个专门的研究领域，为后来的游戏研究奠定了基础。

（二）现代游戏理论

随着现代心理学理论的出现和完善，人们开始设计基于不同理论范式下的实证研究，希望利用科学的分析手段研究游戏。与早期游戏理论关注游戏本质和目的不同，现代游戏理论试图从动机和认知的视角，探究游戏对人类情感和学习发展的影响。

精神分析理论的创始人弗洛伊德从人格理论的"本我、自我和超我"出发，阐释了游戏对人类发展的重要作用。他认为，游戏作为现实的对立面，使儿童避免了现实的束缚，为儿童调节本我与超我之间的矛盾平衡提供了安全自由的方法，补偿了儿童在现实中难以实现的情感诉求，减少了儿童在现实中经历创伤性事件的痛苦。在此基础上，美国心理学家埃里克松引入了社会文化因素，提出了人格的心理社会阶段理论；瑞士心理学家荣格等人则强调了心理结构的整体论，扩大了无意识的内涵与功能，沟通了个体和集体心理的文化历史联系，进一步推动了游戏理论的发展。精神分析学派把人的潜意识作为研究对象，在治疗精神病人上取得了显著效果，这是游戏理论研究从纯粹的哲学思辨走向科学的实验应用的标志。

行为主义产生于20世纪的美国。早期行为主义游戏理论继承了心理学家桑代克学习实质的基本观点，认为游戏为儿童创建了安全"试误"的学习环境，游戏的趣味性和体验性等满足了学习的准备率、练习率和效果率。操作行为主义学习理论以美国心理学家斯金纳为代表，他特别强调学习过程中的强化物的作用。虽然斯金纳没有直接研究游戏，但是他提出的强化学习理论被广泛应用到了当前的游戏设计之中。社会认知行为主义理论的代表人物是美国心理学家班杜拉，他提出的社会学习理论则强调人的行为和环境的相互作用。按照该理论，假装游戏和角色扮演游戏为游戏者创造了一个安全的实践观察学习结果的情境，使观察学习容易发生，并强化了观察学习的行为结果，而且提高了游戏者的自我效能感和内部动机水平，使游戏中的学习行为得以良性发展。简而言之，行为主义从行为出发，用试误、强化和模仿三个要素将游戏和学习过程联系在了一起。不过，因为行为主义忽略了大脑内部重要的认知过程，因此依然存在一定的局限性。

认知主义于 20 世纪 60 年代后期逐渐成为心理学研究的主流，并为游戏理论发展做出了卓越贡献。皮亚杰在儿童认知发展理论中，从认知结构和发展阶段两方面，论证了游戏在儿童认知发展中的重要作用。他认为游戏不仅可以帮助儿童将新学的知识技能很好地内化，而且为儿童开始新的学习做好了准备。此外，儿童的游戏发展阶段是与儿童的心理认知发展阶段相适应的。应该说皮亚杰的游戏理论在当代引起了以认知为核心的游戏研究潮流，而且为后来游戏作为教学策略优化学与教的过程提供了理论依据。布鲁纳提出的认知发现学习理论对教学实践产生了巨大的影响，该理论非常强调学生学习的主动性和内在动机对学习的重要性。他认为游戏是一个充满快乐的问题解决过程，因此对儿童的问题解决能力起到了积极的促进作用，其原因可归纳为以下三点：首先，游戏促使儿童自发地进行探索，调动了儿童的主动性；其次，游戏降低了儿童对结果的期望和对失败的畏惧，儿童沉浸在游戏的过程中，激发了内部动机；最后，游戏为儿童提供了在各种条件下大量尝试的机会，激活了儿童的思维，使游戏中知识的获得、转化以及评价过程得以实现。因此，布鲁纳建议在教学中加入游戏，来提高儿童学习的效果和效率。维果茨基基于文化历史理论的观点，认为游戏是决定儿童发展的主导活动，是一种有意识、有目的的社会实践活动。首先，游戏的本质是社会性的，它为儿童创造了现实生活以外的、以语言和工具为中介的、学习人与人社会关系的实践场所。其次，游戏的中介作用促成儿童心理机能从低向高发展。比如象征性游戏让儿童实现了思维符号化和抽象化的过程。最后，因为儿童在游戏中的行为往往要略高于他的日常行为水平，这两者的差距形成了儿童的"最近发展区"，推动了儿童不断复杂的"内化"发展过程。维果茨基的游戏理论为当前幼儿园课程设计提供了理论指引，而且还极大地推动了游戏活动在教育中的实践。萨顿－史密斯是20世纪下半叶最具影响力的游戏理论学家，他在皮亚杰、胡伊青加等人研究的基础上，从行为、儿童发展和文化的不同视角对游戏进行了全面的研究，提出了更为全面综合的游戏理论。他还通过实证研究方法，对游戏与儿童创造力发展的关系进行了研究。结果表明，游戏确实能更好地发展儿童的有效回应能力、灵活的表征能力以及自控能力。概括而言，认知主义从人类学习的内部机制出发，尝试对游戏在认知发展方面的作用机制和影响进行深入解读，为游戏化教学活动的实际开展提供了必要的思想指导。

以上主要是从心理学和教育学角度对游戏进行研究的。其实，还有另外的学者从文化学、人类学的角度对游戏进行了研究。这一方向的代表人物有荷兰学者胡伊青加，他认为游戏是人类文化发生发展的原动力，人本质上就是游戏者。此外，还有学者从现象学和阐释学的角度对游戏进行了研究，这方面的代表人物是伽达默尔。

（三）游戏化教学思想的发展

至于游戏在教育教学中的实际应用，其实由来已久。孔子就非常强调游戏在教育中的重要性，他认为"知之者不如好之者，好之者不如乐之者"，学习的最高境界应该是达到"乐"的境界。"古希腊三杰"（苏格拉底、柏拉图、亚里士多德）也认为教育应该是一种既强调儿童游戏和活动，又注重教师指导和监督的形式，从而让儿童的身心在教育中得到自然和谐的发展。

可以说，在古代，教育、生活和游戏的关系是非常密切的，几乎是不可分离的。但是，随着夸美纽斯提出的班级制授课制度的推行，世人逐渐把教育和游戏对立起来。在世俗和功利的影响下，学校沦落成为"教师照本宣科，学生死记硬背"以及"生产标准化学生的工业流水线"，这种现象受到来自社会的广泛批评。在此背景下，一些教育研究者开始寻找可能的解决方法，其中以游戏为特色的教育实践令人眼前一亮。

德国教育家福禄培尔是幼儿园运动的创始人，他认为教育要适应自然，顺应儿童的天性。游戏可以顺应儿童自然发展的需要，是儿童发展重要的生活因素，是儿童发展内在本质的自发表现，因此幼儿教育要与游戏结合。为此，他还亲自开发了一套游戏活动玩具——恩物（Boxes），随后逐渐发展成为幼儿园的教学用具和材料。可以说，福禄培尔对游戏与教育关系的论证、对游戏化教学形式的初步研究和实践，为游戏进入更高层次的学校教育奠定了基础。

意大利教育家蒙台梭利是继福禄培尔以后，对幼儿教育和游戏化教学理论与实践做出过重要贡献的专家。她认为教育要顺应幼儿发展的需要，而幼儿开始运动时就能从身处的环境中接受刺激来积累外部经验了，而这种经验的积累借助的就是游戏，所以游戏是幼儿发展的必经阶段。幼儿借助游戏使他们的生命力得到表现和满足，而且得到进一步发展。蒙台梭利幼儿教育观下的课程体系，不仅把游戏上升成为与能力训练同等重要的专门课程，还在能力训练这本该"严肃"的课程中大量使用游戏化教学的形式。

杜威是美国一位颇具影响力的教育家和哲学家，他提出的实用主义教育学说，在教育史上具有里程碑式的意义。在杜威看来，"教育即生活""学校即社会"，学校教育一定要与生活相连，特别是与儿童的现实生活相连。为此，就要从经验中学习，即"做中学"。他非常重视游戏在教育中的地位，认为一方面应该将游戏纳入学校课程体系的一部分；另一方面在教学中应该把游戏作为课程作业的形式之一，这样容易建立经验和知识的关联。

通过以上讨论，可以看出各位前辈分别从哲学、心理学、社会学、文化学、教育学等不同的角度对游戏进行了多角度的分析。至此，我们可以有一个直观的感受，至少在儿童发展层面，游戏扮演着重要的角色，对促进儿童的身心发展、认知发展、社会发展和情感情绪的发展起着重要的作用，甚至可以说："游戏即生活，游戏即教育。"

二、 电子游戏的教育价值

从 20 世纪 50 年代以来，电子游戏（含街机、电脑、网络游戏等）逐渐风靡全球，自然吸引了心理学、教育学、社会学、医学等学科的研究者从不同角度对游戏及其教育价值进行深入研究。这期间虽然没有过多研究游戏的本质及其与人的关系，但是在研究的深度、广度和热度方面是前所未有的。

（一）游戏动机研究

当人们看到青少年痴迷于电子游戏的时候，自然就会想到研究人们为什么会如此喜欢游戏。其中比较著名的是游戏的需要动机理论。著名心理学家马斯洛曾经提出"人类的动机需要层次理论"，许多学者借此来分析玩家参与网络游戏的动机，认为游戏中的 PK、组队、练功、升级、聊天等活动可以满足不同层次的需要，而且在游戏中可以同时满足多种需要，所以更加吸引人。

美国芝加哥大学契克森米哈提出的"心流（Flow）"理论也被广泛应用在了游戏动机研究中。所谓心流，就是全神贯注于一项活动时所产生的心理状态。鲍曼利用"心流"理论研究了电子游戏，他认为电子游戏充满了挑战，具有明确且具体的目标、即时的反馈，并且消除了不必要的信息，这些有助于产生"心流"。

以上理论从比较宏观的角度对游戏进行了研究，而马隆则从更深的层次上提出了一套内在动机（Intrinsic Motivations）理论。该理论将内在动机分为个人动机和集体动机两类：个人动机包括挑战、好奇、控制和幻想，集体动机包括合作、竞争和尊重。马隆认为，正是因为内在动机，而非外在的报酬和鼓励，才使得人们对游戏乐此不疲。

以上动机理论从一定程度上解释了人们为什么喜欢玩游戏，但是由于现在的游戏过于复杂，要想系统地归纳总结人们参与游戏的动机仍然是比较困难的。

（二）教育游戏的设计、开发和应用研究

早期主要是一些小游戏（Mini-game），比如打字练习和选择题游戏等。这一类游戏被认为只能培养基本的技能，对于知识的吸收、整合和应用用处不大，一般无法培养游戏者的问题解决、协作学习等高阶能力。但不可否认的是，它们是最容易被整合进传统教学过程中的游戏，因此也被广泛使用。

在普林斯基看来，要想学习复杂的知识和培养高阶能力，就需要使用"复杂游戏"，也就是类似市场上的主流商业游戏，如《模拟城市》《文明》等。目前在教育游戏领域颇具影响力的威斯康星大学麦迪逊分校斯圭尔教授就曾经让学生通过玩《文明Ⅲ》游戏学习世界历史。研究结果显示，学生不仅从游戏中学到了地理和历史方面的学科知识，加深了对文明的理解，培养了解决问题的能力。同时，通过探究学习活动，还形成了自主学习、合作探究的学习共同体。

大约在 2000 年前后，出现了一批较大型的角色扮演类网络教育游戏。比如，哈佛大学德迪教授等人开展了多用户虚拟学习环境研究项目。该项目让学习者进入一个虚拟的 19 世纪的城市，并通过观察水质、进行实验、与非玩家角色（Non-Player Character 简称 NPC）人物交谈等来解决这个城

市面临的环境和健康问题。研究结果显示，这种学习方式确实有助于激发学生的学习动机，让学生学习更多的关于科学探究的知识和技能，非常有利于培养学生解决复杂问题的能力。印第安纳大学的巴布拉教授（目前任教于亚利桑那州立大学）等人设计开发了探索亚特兰蒂斯（Quest Atlantis），这也是一个虚拟学习环境，其中的游戏任务与课程内容紧密结合在一起，并以"探索"（Quests）、"使命"（Missions）和"单元"（Units）三种层级的任务体系出现在游戏中，且每一层级的任务都围绕着从课程教学中提炼而成的复杂问题，旨在培养学习者的高层次思维能力和社会意识。香港中文大学李芳乐和李浩文教授等人开展了虚拟活动学生为本学习环境（Virtual Interactive Student-Oriented Learning Environment，简称 VISOLE）研究项目，旨在创设一个近似真实的游戏化虚拟世界，然后让同学们通过扮演故事中的角色加入这个虚拟世界中，并在其中自己发现问题、分析问题和解决问题，借以学习相关的跨学科知识，培养问题解决能力等高阶能力。在 VISOLE 学习模式的指引下，他们开发了《农场狂想曲》游戏并进行了实证研究。研究结果表明，这种学习模式确实有助于激发学习动机，给了学生大量培养问题解决能力、创新能力等高阶能力的机会，并有助于培养情感态度价值观。

以上几个项目主要是针对基础教育的，其实也有人开展了面向高等教育或职业教育的游戏，比如麻省理工学院詹金斯教授等人和微软公司合作开展了寓教于乐（Games-to-Teach）项目，该项目旨在将麻省理工学院的课程内容整合入交互式、沉浸式的电子游戏中，先后推出了涵盖数学、科学、工程、环境、社会科学、教育学科等学科知识的 15 个概念原型，部分已经设计成了游戏成品。在他们的研究中，还推出了称为增强现实的游戏，这是一种将虚拟世界和真实世界结合起来的游戏。此外，威斯康星大学的谢弗等人提出了认知游戏的概念，这类游戏一般会提供一个仿真的环境，来帮助学生学习工程、城市规划、新闻、法律等其他专业知识。

近年来，教育游戏的相关研究更加深入，也更加多元化。比如教育游戏研究的重要机构威斯康星大学麦迪逊分校游戏、学习和社会实验室的斯圭尔等人，发布了很多针对不同学习内容的游戏，可支持生物系统、公民行动、亲社会行为、程序设计、STEM（科学—技术—工程—数学教育）等多方面的学习。其中《ECONAUTS》（一款游戏的名称）就是一款以湖泊生态系统为蓝本，教学生学习环境科学的游戏。亚利桑那州立大学近年来成为教育游戏的另外一个重要研究机构，先后将威斯康星大学麦迪逊分校的保罗·吉和前面提到的印第安纳大学的巴布拉引进过来，其中保罗·吉长期致力于电子游戏与语言学习方面的学术研究，出版了多本重要的教育游戏专著。亚利桑那州立大学近年来和游戏公司 E-Line Media（在线媒体，一个公司的名称）等合作完成了多款教育游戏。其中《Quest 2 Teach》（探索教学，一款游戏的名称）就是专门为教师教育设计的一款 3D 角色扮演游戏，新手教师可以在其中练习如何教学。该游戏曾于 2014 年春荣获了亚利桑那州立大学校长创新大奖。麻省理工学院媒体实验室（MIT Media Lab）的终身幼儿园（Lifelong Kindergarten）小组之前曾经开发了风靡全球的喵爪（Scratch）（Http：//scratch. mit. edu），这是一款可以用可视化的、游戏化的方式学习编程的工具软件。现在，他们又开发了 Makey Makey（Http：//makey makey. com）（麦可麦可，一款硬件设备的名称），只要用它把电脑和身边的任何物品连接起来，就能用该物品替代传统键鼠控制电脑。它本身虽然不是游戏，但是却能将枯燥的事情变得像游戏一样迷人。

在中国，香港中文大学庄绍勇等人开发了一套教育探险（Eduventure）移动游戏化学习系统。该系统利用平板电脑和全球卫星定位系统（GPS）功能支持学生和老师来进行户外游戏化学习。台湾地区许多学者开发了支持创造力培养的教育游戏，并开展了大量的游戏化学习成效评价研究。在大陆，北京大学、南京师范大学、华东师范大学、华中师范大学、陕西师范大学、首都师范大学、杭州师范大学、云南师范大学、浙江广播电视大学等机构也都开展了大量的教育游戏研究。

（三）基于学习科学视角的教育游戏研究

还有许多学者从认知科学的层次上研究电子游戏与教育的关系。比如美国罗彻斯特大学脑认知科学系巴韦埃利和格林教授长期致力于研究电子游戏与人类学习机制和大脑认知的关系。斯坦福大学凯斯勒教授评估了游戏化学习对提升特纳综合征患者的数学能力的作用。研究结果显示，患者的计算能力、数字常识、计算速度、认知灵活性、视觉空间处理能力有显著提高，而且患者的脑活动模式发生了较大改变。

此外，斯坦福大学的自适应性和先进的学习和行为实验室（Awesomely Adaptive and Advanced Learning and Behavior，简称 AAA Lab）努力尝试将认知科学的研究成果、编程技术力量与课堂实践经验结合起来。比如，他们开发的《教育代理》（Teachable Agents）游戏就是一款让学生利用概念图教会电脑代理学习，来实现自身学习的游戏。长达两年的反复实验，证明了该游戏确实能促进学生的深度学习。

综合以上研究案例，参考其他研究文献，我们可以简要概括出电子游戏的教育应用价值：可以激发学习动机，可以用来构建游戏化的学习环境或学习社区，可以培养知识、能力、情感态度和价值观。

三、 游戏的三层核心教育价值

尽管游戏具备诸多价值，但是在现实中教育游戏依然面临诸多的困难和障碍。所以大家不免还是会困惑，我们相信儿童确实需要游戏，可是青少年乃至成人也需要游戏吗？另外，普通的教学软件似乎也可以用来学习知识，提高能力，培养情感、态度和价值观，为什么一定要用游戏呢？游戏的核心教育价值到底体现在哪里呢？

简而言之，我们认为游戏的核心教育价值可以概括为游戏动机、游戏思维和游戏精神，如下图所示。

游戏的三层核心教育价值图

（一）游戏动机

当前，尽管教学条件越来越好，但是学生的学习动机仍然堪忧。有报告显示，在美国，大约50%的高中生认为他们老师的教学是不吸引人的，另有超过80%的学生认为教学材料是无趣的。在中国，学生的学习动机缺失问题也大量存在，即使是在一些优秀的学校中，学生学习动机虽然很强，但是或许更多的是升学压力等外在动机。

面对这样的情况，大家自然会想到，是否可以利用游戏的挑战性、竞争性等特性使得学习更有趣，更能激发学生的学习动机呢？因此尽管游戏有诸多教育价值，但是毫无疑问，最被看好的还是游戏动机。而事实上，也有许多实证研究证明，游戏有助于激发学生的学习动机。巴布拉等人以QA为研究环境，来对比研究叙事性学习（Story-based Learning，简称SBL）和游戏化学习（Game-based Learning，简称GBL）的效果。研究显示，95%的采用SBL的学生是为了获得高分或者完成老师布置的任务而学习，仅有34%的采用GBL的学生将此列为学习的原因，65%的学生提出他们学习仅仅是"想学"。

不过，也有学者提出质疑，游戏激发的究竟是学习动机还是游戏动机，游戏动机是否会对学习产生消极影响，激发的动机是否可以迁移到其他学习活动中呢？在布罗菲看来，必须是对某一学科稳定一致的学习动机

83

才能真正起到促进作用，比如只喜欢做物理实验不喜欢听物理课是不可以的。而在之前的研究中，确实也存在学生只喜欢玩游戏，不喜欢听课和写游戏化学习报告的现象。这启发我们要想利用游戏动机来激发真正的学习，还需要进行更深入的研究。

（二）游戏思维

在游戏动机之上就是游戏思维（或游戏化思维）。大约在 2003 年，有人明确提出了游戏化的概念，这一概念在 2010 年左右开始被广泛应用。所谓游戏化，表示将游戏或游戏元素、游戏设计和游戏理念应用到一些非游戏情境中。比如，有工程师在瑞典一个公园中设计了一个奇特的垃圾桶，将垃圾扔进去可以听到很奇特的坠落到深渊的声音，结果吸引很多人四处捡垃圾去测试。再如，微信在 2015 年春节期间发布了可以发放随机金额的红包功能，结果一下子将传统的发红包变成了一场抢红包的游戏，据说一个春节就绑定了大约 2 亿张银行卡。

仔细分析游戏化的核心，实际上还是发挥了游戏有助于激发动机的特点，只不过这里激发的不是表面上的休闲娱乐、逃避、发泄等动机，更多的是马隆提到的挑战、好奇、竞争等深层动机。比如，"扔垃圾"和"发红包"实际上主要激发了"好奇"动机。在教育领域，尚俊杰等人也曾提出"轻游戏"的概念，与此有相似性。所谓轻游戏，可以简单地定义为"轻游戏 ＝ 教育软件 ＋ 主流游戏的内在动机"[①]。

概而言之，游戏思维的核心就是不一定要拘泥于游戏的外在形式，更重要的是发挥其深层内在动机，在教学、管理的各个环节的活动中有机地融入游戏元素或游戏设计或游戏理念即可。比如，幼儿园和小学喜欢使用的发小红花就是一种游戏思维，一些智力竞赛也是应用了竞争和挑战动

---

① 尚俊杰，李芳乐，李浩文. "轻游戏"：教育游戏的希望和未来 ［J］. 电化教育研究，2005，（1）：24 – 26.

机。事实上，杜威谈的游戏很大程度上也是指和真实生活相结合的学习活动。不过，如果应用不当，可能适得其反。比如，学校常用的考试排名也是应用了竞争和挑战动机，只不过过于激烈的竞争可能会打击部分学生的积极性。

（三）游戏精神

游戏的最高层次和最有意义的价值应该是游戏精神。所谓游戏精神，指的是人的一种生存状态，它表示人能够挣脱现实的束缚和限制，积极地追求本质上的自由，是人追求精神自由的境界之一。简单地说，游戏精神就是在法律法规允许的前提下，自由地追求本质和精神上的自由。

对于儿童肯定是这样的，就如福禄培尔所言，游戏是儿童发展的最高阶段，人的最纯洁的本质和最内在的思想就是在游戏中得到发展和表现的。其实对于青少年乃至成人亦是如此，在胡伊青加看来，人类社会的很多行为都是可以和游戏联系起来的，人本质上就是游戏者。而席勒更是认为"只有当人游戏的时候，他才完全是人"，该观点从某种角度上也阐明了游戏精神的价值。

那么，究竟应该怎么体现游戏的精神呢？我们知道游戏最首要的特性就是自由性和自愿性，所以首先应该能够允许学习者自由地选择想学的内容。比如，对于大学生而言，虽然不能完全自由选择，但是应该允许他们尽量根据自己的兴趣选择自己的专业。对于中小学生来说，或许可以利用慕课（MOOC）、翻转课堂等形式自由选择想学的课程、想用的方式和想学的时间。其实，这也算是从宏观的角度激发了马隆所说的控制动机。

其次，游戏是非实利性的，玩家一般并非有外在的奖励才会参与游戏，而是主要由内在动机驱动的，所以通常并不是特别看重结果，而是重在过程。按照这一点，我们也要设法让学习者重在学习过程，而不是特别看重最后的考试成绩等。当然，要实现这一点，宏观上来说就需要社会实现从重文凭向重能力的转换，教育需要根据每一个学习者的天赋和兴趣，将他们培养成热爱祖国、热爱社会、热爱生活的有用人才就可以了，并不一定需要把每个人都培养为博士和科学家。从微观上来说，就需要充分激发游戏的挑战、好奇、控制、幻想等深层内在动机，让学习者即使是为了考学来学习，但是在学习的过程中几乎忘了考学的目标，只是为了战胜挑战或者为了好奇而乐此不疲。

当然，大家可能会担心，如果不注重结果，会不会随便对待过程呢？按照"真正"的游戏精神，游戏结果虽然是"假"的，但是真正的游戏者对待过程的态度却是严肃认真的。

另外，大家可能还会担心，学习毕竟和游戏有很大不同，游戏是可以"想玩就玩，想停就停"的，而学习显然不是。另外，很多学习内容和过程确实是比较枯燥的，无论怎么设计，似乎也很难让学习者自由自愿地、充满愉悦地、不计升学和就业压力全身心地投入学习。不过，针对商业领域有人提出游戏化管理有三种层次：下策是生硬地应用游戏，中策是将工作设计成游戏，上策是将工作变成对工作的奖赏。简单地说，就是让人充满兴趣地去工作，比如谷歌公司基本上就实现了这一点。那么，在教育领域，学习是否可以变成对学习的奖赏呢？苏联教育家索洛维契克就相信人是可以学会满怀兴趣地去学习的，他认为人不要只做有兴趣的事情，而要有兴趣地去做一切必须做的事情。事实上，总是有一些学生能够满怀兴趣地去学习解析几何、数学分析等看起来很难、很枯燥的内容。我们所要做的，就是通过弘扬真正的游戏精神使更多的学习者变成这样的学生。

以上三者既有联系又有区别：游戏动机是最基础也最具操作性的价值，它强调利用游戏来激发学习动机；游戏思维则表示超脱出游戏形式，强调将非游戏的学习活动设计成游戏；而游戏精神则是最有意义的价值，强调学习者以对待游戏的精神和态度来对待学习过程和结果。三者的核心联系就是深层内在动机。也可以换一个简单的说法（或许不太严谨）：游戏动机是指利用游戏来学习，游戏思维是指将学习变成"游戏"，游戏精神是指将整个求学过程甚至整个人生变成"游戏"。

四、 重塑学习方式： 教育游戏的广阔前景

从 20 世纪 90 年代开始，伴随着信息技术和建构主义学习理论的快速发展，世界各国各地区纷纷开始反思教育，开始了新一轮的课程改革。进一步关注学生的学习，希望实现从以教师为主的教学模式向以学生为主的教学模式的转变。近年来，信息技术更是对教育产生了革命性的影响，慕课和微课将世界上最优质的资源，传播到了地球最偏远的角落，而可汗学院和翻转课堂让人们看到了实现个性化学习的曙光，云计算、移动设备、虚拟现实、大数据、学习分析等新技术此起彼伏，人们希望借助这些新技术促进学习方式变革、实现教育流程再造。与此同时，学习科学（Learning Sciences）——这一个涉及教育学、脑科学、心理学、信息科学等多学科的跨学科研究领域近年来发展非常迅速，它希望在脑、心智和真实情境的教学之间架起桥梁。简而言之，学习科学主要就是研究："人究竟是怎么学习的，怎样才能促进有效地学习？"[1] 人们希望，在脑科学与学习、基于大数据的学习分析和技术增强的学习等新技术推动下，实现教育的深层变革。

在新技术和学科研究发展的推动下，"学习"被社会各界高度重视。就如华东师范大学副校长任友群在"21 世纪人类学习的革命"译丛序言中提到的：这几乎是个"学习"的十年，学习型组织、学习型社会、学习共同体、学习型家庭、服务性学习等概念逐渐走进各个领域，"学习"成为一个广具包容性的关键词。事实上，欧美一些发达国家已经将学习科学的

---

① 任友群，胡航. 论学习科学的本质及其学科基础 [J]. 中国电化教育，2007（05）：1 - 5.

研究成果作为了教育决策与行动的关键基础。在我国，探究性学习、合作学习、自主学习等学习方式也备受重视。比如，在教育部颁布的《语文课程标准（2011版）》中明确写道：要爱护学生的好奇心、求知欲，充分激发学生的主动意识和进取精神，倡导自主、合作、探究的学习方式。在《数学课程标准（2011版）》中也写道：有效的数学学习活动不能单纯地依赖模仿与记忆，动手实践、自主探索与合作交流是学生学习数学的重要方式。

不过，在各种各样的学习方式，包括慕课、微课和翻转课堂背后，实际上都隐含着一个前提，它们比过去的传统教学模式更加强调学生学习的积极主动性。如果学生没有较强的内在学习动机，再好的课程也没有用，自主学习亦无法发生。对比学习的需求和游戏的核心教育价值，考虑到时代的变革和当代青少年的特点，显然教育游戏具备了无比广阔的想象空间，或许教育游戏真的可以和移动学习、翻转课堂、大数据等技术一起，重新塑造学习方式，提升学习的成效。事实上，许多学者都曾经比较分析过游戏过程和学习过程，认为游戏过程很多时候就是问题解决过程，是探究过程，是协作过程，因此，游戏有助于促进探究学习、自主学习、协作学习的开展。笔者等人之前也开展过一个利用游戏促进探究学习的研究，我们结合游戏、探究学习和体验学习的特点提出了"游戏化探究学习模式"，并据此设计了课程，进行了实验研究。研究结果显示，这种学习模式确实有助于发挥游戏的优势，促进探究学习、合作学习的进行，有助于培养学生的探究能力。

不过重塑学习方式还不能称之为最终目的，最终目的应该是回归教育的本质。关于教育的本质，20世纪80年代我国教育界曾经展开过讨论，从不同的角度提出了几十种观念，最后比较一致的认识就是：教育是一种培养人的活动，并通过育人活动实现自然人与社会人的统一。中国教育学会会长顾明远曾讲道：必须回到教育原点培养人。学校教育要以学生为主体，以教师为主导，充分发挥学生的主动性。教育要让学生有时间思考，有时间学习自己喜欢的东西。教育要真正让学生活泼地学习，真正让学生在课堂上、在课外、在学校里享受教育的幸福。扈中平也认为教育的目的和终极价值就是为了让人幸福地生活。他认为教育与幸福原本是相通的，因为教育意味着求真、求善、求美，而对真善美的追求又意味着知识的增长、能力的发展、心灵的充实、智慧的养成、德行的陶冶、精神的自由、人格的独立、价值的实现和创造性的提升，这些都是人性之所向，都是人的幸福的重要源泉。对比教育的本质和前面探讨的游戏精神，可以看出教育游戏的最大价值或者说终极目的就是通过重塑学习方式回归教育本质，让学生尽可能自由自愿地学习自己喜欢的知识，并且去积极地、主动地思考，享受学习的快乐和生活的幸福。某种程度上，甚至可以说是回归了人的本质。

虽然教育游戏具有重要的价值，但是在教学中也不能滥用游戏，必须根据教学需要选用。要根据教学目标、学生特征、客观条件等因素恰当选择游戏，不一定要局限于电子游戏，也可以使用传统游戏。此外，还要注重游戏内涵，不一定要应用"纯粹"的游戏，也可以是将游戏思维和游戏精神应用到教学中。

谈到具体应用前景，小型教育游戏应用仍然会很广泛，适合应用到各种类型的课堂教学中；大型教育游戏（尤其是一些角色扮演类游戏）适合应用到研究性学习或者课外非正式学习活动中；模拟、仿真类和增强现实类教育游戏适合应用到职业教育中；游戏和移动学习、学习分析等技术相结合有广阔前景，比如，在平板课堂教学中应用教育游戏，同时可以采取学习分析技术分析学生在游戏中的学习过程，并给予个性化的学习支持。

目前北京大学教育游戏研究团队在中央电化教育馆等机构和组织的支持下，正在开展"游戏进课堂创新研究计划"，希望联合研究人员、企业人员和一线教师，努力将游戏化学习方式推进课堂中。目前在小学和初中这个层次，主要希望发挥游戏动机的价值，会紧密结合学科，根据课程标准选择适当的电子游戏（和平板教学相配合）或传统游戏，在不改变教学目标和教学内容的前提下，将游戏应用到课堂教学中，希望能够激发学生尤其是低动机学生的学习兴趣，同时培养其创造力、问题解决能力等高阶能力。随着学龄的逐渐提高，将主要发挥游戏思维的价值，不一定真的应用典型的游戏，而是注重发挥游戏的核心元素，努力使学习变得更加有趣。当然，在整个过程中，也希望潜移默化地培养学生的游戏精神，让他们能够满怀兴趣地、专心致志地去学习一些看起来可能枯燥的内容。

五、 结束语

坦诚地讲，大约 10 年前开始教育游戏研究的时候，那时候更多地关注教育游戏本身，总是希望游戏能够让所有的孩子高高兴兴地学习。但是，在一些困难和挫折面前，自己都有些怀疑游戏的教育价值。不过，随着对游戏核心价值的认识，随着对"学习"主旋律的体会，确实越来越认识到游戏具有无比广阔的应用前景，或许真的可以和移动学习、翻转课堂等新技术一起，重塑学习方式，回归教育本质，让每个儿童、青少年乃至成人都高高兴兴地沐浴在学习的快乐之中，尽情享受终身学习的幸福生活。

参考文献：

[1]巴格利. 全球教育地平线:离我们到底有多远[J]. 北京广播电视大学学报，2012(06):29 – 34.

[2]BAMMEL G. Leisure and human behavior[M].2nd ed. Dubuque, Io-

wa：Wm. C. Brown，1992.

［3］ELLIS M J. Why people play［M］. Upper Saddle River：Prentice Hall，1973.

［4］GROOS K，BALDWIN E L，BALDWIN J. The psychology of animal play［M］. Montana：Kessinger Publishing，1898.

［5］FREUD S. Beyond the pleasure principle［M］. New York：Norton，1990.

［6］ERIKSON E H. Childhood and society［M］. London：Penguin Books，1965.

［7］JUNG C G，VON FRANZ M L. Man and his symbols［M］. New York：Dell，1964.

［8］林崇德. 发展心理学［M］. 北京：人民教育出版社，2009.

［9］皮连生. 教育心理学［M］. 上海：上海教育出版社，2006.

［10］PIAGET J. Play，dreams and imitation in childhood［M］. New York：Norton，1962.

［11］BRUNER J. Play，thought，and language［J］. Peabody Journal of Education，1983，60（03）:60 - 69.

［12］姜勇. 国外学前教育学基本文献讲读［M］. 北京大学出版，2013.

［13］SUTTON-SMITH B. The role of play in cognitive development［J］. Young Children，1967，22（06），361 - 370.

［14］胡伊青加. 人：游戏者［M］. 贵阳：贵州人民出版社，1998.

［15］单中惠. 福禄培尔幼儿教育著作精选［M］. 上海：华东师范大学出版社，2009.

［16］蒙台梭利. 蒙台梭利幼儿教育科学方法［M］. 北京：人民教育出版社，2001.

［17］杜威. 我的教育信条：杜威论教育［M］. 上海：上海人民出版社，2013.

［18］杜威. 民主主义与教育［M］. 北京：人民教育出版社，2001.

［19］MASLOW A H. Motivation and personality［M］. New York：Harper，1954.

［20］陈怡安. 线上游戏的魅力［J］. 台湾资讯社会研究，2002（3）：207.

［21］CSIKSZENTMIHALYI M. Beyond boredom and anxiety［M］. San Francisco：Jossey-Bass Publishers，1975.

［22］BOWMAN R F. A Pac-Man theory of motivation. Tactical implications for classroom instruction［J］. Educational Technology，1982，22（9）：14－17.

［23］MALONE T W，LEPPER M R. Making learning fun：A taxonomy of intrinsic motivations for learning［C］//SNOW R E，FARR M J. Aptitude，learning，and Instruction，III：Cognitive and affective process analysis . New Jersey：Lawrence Erlbaum Associates，1987：223－253.

［24］PRENSKY M. Digital Game-Based Learning［M］. New York：McGraw Hill，2001.

［25］SQUIRE K. Video games in education［J］. International Journal of Intelligent Simulations and Gaming，2003，2（01）：49－62.

［26］SQUIRE K. Replaying history：Learning world history through playing Civilization III［D］. Indiana：Indiana University，2004.

［27］DEDE C，KETELHUT D. Motivation，Usability，and Learning Outcomes in a Prototype Museum-Based Multi-User Virtual Environment［R］. ［S. l.］：American Educational Research Conference，2003.

［28］马红亮. 教育网络游戏设计的方法和原理：以 Quest Atlantis 为例［J］. 远程教育杂志，2010（01）：94－99.

［29］JONG M S Y，SHANG J J，LEE F L，et al. VISOLE－A constructivist pedagogical approach to game－based learning［M］// YANG H，YUEN S. Collective intelligence and e – learning 2. 0： Implications of web-based communities and networking. New York： Information Science Reference， 2010；185 – 206.

［30］尚俊杰,庄绍勇，李芳乐，等. 虚拟互动学生为本学习环境的设计与应用研究［C］//汪琼,尚俊杰,吴峰. 迈向知识社会:学习技术与教育变革. 北京: 北京大学出版社, 2013；143 – 172.

［31］SQUIRE K, D KLOPFER E. Augmented Reality Simulations on Hand-held Computers［J］. Journal of the Learning Sciences， 2007， 16（03）：371 – 413.

［32］SHAFFER D W. Epistemic frames for epistemic games［J］. Computers & Education, 2006, 46（03）: 223 – 234.

［33］GEE J P. What video games have to teach us about learning and literacy［M］. New York： Palgrave Macmillan， 2003.

［34］JONG M S Y. Design and implementation of EagleEye—An integrated outdoor exploratory educational system［J］. Research and Practices in Technology Enhanced Learning, 2013,8（01）:43 – 64.

［35］GREEN C S,BAVELIER D. Action video game modifies visual selective attention［J］. Nature, 2003,423（6939）:534 – 537.

［36］KESLER S R, SHEAU K, KOOVAKKATTU D, et al. Changes in frontal-parietal activation and math skills performance following adaptive number sense training: preliminary results from a pilot study［J］. Neuropsychological rehabilitation， 2011， 21（04）: 433 – 454.

［37］CHIN D B,DOHMEN I M, SCHWARTZ D L. Young Children Can Learn Scientific Reasoning with Teachable Agents［J］. IEEE Transactions on Learning Technologies, 2013,6（03）:248 – 257.

［38］尚俊杰,庄绍勇. 游戏的教育应用价值研究［J］. 远程教育杂志, 2009（01）:63 – 68.

[39]尚俊杰,庄绍勇,蒋宇.教育游戏面临的三层困难和障碍:再论发展轻游戏的必要性[J].电化教育研究,2011(05):65-71.

[40]YAZZIE-MINTZ E. Engaging the Voices of Students:A Report on the 2007 & 2008 High School Survey of Student Engagement[EB/OL]. [2014-12-15]. http://www. indiana. edu/~ceep/hssse/images/HSSSE_2009_Report. pdf.

[41]尚俊杰,肖海明,贾楠.国际教育游戏实证研究综述:2008年—2012年[J].电化教育研究,2014(01):71-78.

[42]CONNOLLY T M,STANSFIELD M,HAINEY T. An alternate reality game for language learning:ARGuing for multilingual motivation[J]. Computers & Education,2011,57(01):1389-1415.

[43]BARAB S,PETTYJOHN P,GRESALFI M,et al. Game-Based Curriculum and Transformational Play:Designing to Meaningfully Positioning Person, Content, and Context[J]. Computers & Education,2012,58(01):518-533.

[44]TSAI F,Yu K,HSIAO H. Exploring the Factors Influencing Learning Effectiveness in Digital Game-Based Learning[J]. Educational Technology & Society,2012,15(03):240-250.

[45]布罗菲.激发学习动机[M].上海:华东师范大学出版社,2005.

[46]韦巴赫,亨特.游戏化思维:改变未来商业的新力量[M].杭州:浙江人民出版社,2014.

[47]尚俊杰,李芳乐,李浩文."轻游戏":教育游戏的希望和未来[J].电化教育研究,2005(01):24-26.

[48]王孟瑶.游戏化管理的"三策"[J].现代企业文化(上旬),2014(12):43-45.

[49]郭戈.西方兴趣教育思想之演进史[J].中国教育科学,2013

（01）:124 – 155.

［50］何克抗. 现代教育技术与创新人才培养（上）［J］. 电化教育研究，2000（06）:3 – 7.

［51］任友群，胡航. 论学习科学的本质及其学科基础［J］. 中国电化教育，2007（05）:1 – 5.

［52］尚俊杰，庄绍勇，陈高伟. 学习科学:推动教育的深层变革［J］. 中国电化教育，2015（01）:6 – 13.

［53］裴新宁. 学习科学研究与基础教育课程变革［J］. 全球教育展望，2013（01）:32 – 44.

［54］庞维国. 自主学习:学与教的原理和策略［J］. 上海：华东师范大学出版社，2003.

［55］陶侃. 从游戏感到学习感:泛在游戏视域中的游戏化学习［J］. 中国电化教育，2013（09）: 22 – 27.

［56］尚俊杰，蒋宇，庄绍勇. 游戏的力量［M］. 北京大学出版社，2012.

［57］翟晋玉. 顾明远:回到教育原点培养人［N］. 中国教师报，2014 – 05 – 21（01）.

［58］扈中平. 教育何以能关涉人的幸福［J］. 教育研究，2008（11）:30 – 37.

非核心教学社会化："互联网+" 时代的教学组织结构变革①

张魁元②　尚俊杰③

芝加哥大学校长赫钦斯在 1936 年说："学院或大学不应该做任何其他机构可以做的事情，这是教育管理中的一条重要原则（科伯，2008）。"自此，高校越来越多地依靠校外的公司来管理学校的非学术性事务。自 20 世纪 90 年代末开始，中国高校的社会化改革逐步深入，先后在后勤和管理领域实施并取得良好成效（尚俊杰，2013）。进入 21 世纪，社会化改革开始触动教学这一高校核心领域，如何在保证高校办学质量与声誉的前提下，有效开展教学的跨组织合作成为教育研究中值得思考的问题。

① 本文系未来教育高精尖创新中心科研项目 "2030 未来学校" 课题（AICFE – 10 – 002）。本文首发于《开放教育研究》2018 年第 24 卷第 6 期第 29 – 38 页，已获得出版社和作者本人授权。

② 张魁元，北京大学教育学院，助理研究员，博士研究生，研究方向：教育与人力资源开发、国际与比较高等教育。

③ 尚俊杰，北京大学教育学院，副教授，博士生导师，研究方向：学习科学与技术、游戏化学习、教育技术领导与政策等研究。

一、 高等教育社会化

与社会心理学中社会化的概念不同，高等教育改革领域社会化的概念源于 1985 年印发的《中共中央关于教育体制改革的决定》，首次提出高等学校后勤服务工作的改革方向是实行社会化，旨在将高校后勤服务纳入社会主义市场经济体制，使市场成为资源配置的基础性方式和主要手段，建立由政府引导、社会承担为主，适合高校办学需要的法人化、市场化后勤服务体系（杜方波，1998）。在计划经济体制下，高校为了避免由行政壁垒带来的过高的交易成本，普遍采取了自给自足的组织形态，即所谓的"大学办社会"，为学校师生举办诸如幼儿园、中小学、商店、医院、食堂、宾馆等各种服务设施。改革开放以来，中国高等教育的外部环境发生了深刻变化，高等教育管理体制改革逐步推进，反映在组织内部结构上就是非核心业务的萎缩与剥离，新建学校不再直接建立或运营各种服务设施，原有业务通过改革逐步取消或者外包。1999 年，在高校开始大规模扩招的背景下，后勤系统加速剥离，教育部等六部委联合印发《关于进一步加快高等学校后勤社会化改革的意见》，推动组建自主经营、独立核算、自负盈亏的学校后勤服务实体（教育部等，1999），有效精简了冗余机构和人员，在资源相对紧张的时期为高校发展提供了有力支持。

高校后勤服务社会化既是中国大学综合改革的现实要求，也顺应了世界大学改革发展的潮流。在步入高等教育大众化阶段后，伴随着世界经济增长放缓与学生注册人数下滑等趋势，西方大学间的竞争日益激烈，教育支出和科研经费削减，部分大学财政紧张或困难，一方面需要通过提高学费和寻求外部支持增加收入，另一方面必须采取进取和创新的举措实现经济、高效、优质的发展目标，因此许多企业管理领域的理念和方法被引入高校管理，诸如计划项目预算制、零基预算法、目标管理、全面质量控制、资源外包等（Kirp，2003）。在管理服务领域，资源外包成为高等学校竞相采取的改革举措，诸如餐饮、图书管理、公寓管理、医疗服务、网络设施维护、校园安全保卫、校友关系拓展等长久以来由高校自己管理的业务，越来越多的高校采取外包的形式解决（Lee et al.，2004；Wood，2000）。这一策略的来源是交易成本理论，如果管理成本大于交易成本，那么组织就倾向于把一部分内部活动转化为外部活动，通过市场规律优化资源配置。美国高校通过这一改革有效降低了相关服务的运营成本（Palm，2001），也一定程度上提升了服务质量（Glickman et al.，2007）。外包策略初期主要应用于餐饮等非核心服务领域（Moore，2002），但后期越来越多的学校将财务预算、校务咨询等内容也纳入外包服务的范畴，目的是专注于高校核心竞争能力的提升，实现学校间的差异化发展（Lipka，2010）。

21 世纪，中国高等教育面临着人口结构变化和国际化竞争的挑战。2015 年我国高等教育毛入学率达到 40%（新华网，2016），2016 年我国普通高等学校达到 2596 所（中华人民共和国国家统计局，2017），中国高等教育已步入大众化阶段，但是伴随着人口老龄化和适龄人口下降的趋势，高校对核心资源的竞争愈加激烈，主要表现为对学生、教师和经费的竞争。另一个推动高校社会化的因素是高等教育的全球化竞争。相较于中小学在市域或者省域的竞争，在创建"双一流"的背景下，中国高校必然参与全球优秀学生和教师资源的争夺，打破高等教育顶层部分与欧美名校对全球优质高等教育资源的垄断成为中国一流高校必须面对的问题。这些都要求中国高校进一步加快社会化改革的步伐，引入优势资源，开展分工与协作，提升质量与效率，增强核心竞争力。

二、 高等教育非核心教学社会化

由后勤服务社会化可以看出，高等教育改革领域社会化的核心是通过项目外包、购买服务等方式，引入外部组织和个人提供专业化服务，实现自办自管模式向社会服务模式的转变。教学作为大学的核心使命，能否开展社会化改革呢？所有的教学都应该是核心业务，但对于专业院校，譬如医学院来说，病理、临床和文学、艺术教学或课程还是有一些差异的，医学院学生也希望听听文学和艺术课程，那么这些课程或许可以定义为"非核心教学"（或者非主干课程），这些"非核心教学"是否可以利用或者部分利用社会化的方式实现呢？

在美国，通过聘请兼职教师授课已成为大学的惯常做法，从 1975 年到 2015 年，美国高等教育机构聘任兼职教师比例从 24% 增加到 40%（AAUP，2017）。聘请兼职教师有如聘请临时雇员补缺或者请小时工，部分甚至全部非核心课程都由这些可以被随意支配的员工来承担。这种做法的优势是节约教师酬金，减轻正式教师的授课压力；缺点是教师流动性较大，无法对学生的成长和培养持续负责，教学和研究工作存在脱节。因此，兼职教师通常讲授非核心课程，兼顾教学成本与教学质量的考量。

美国高等教育对于教学社会化一直持审慎态度，相关的讨论与实践在 21 世纪初仍十分少见，但是伴随着政府投入减少、办学成本快速上升、高校竞争加剧以及在线教育蓬勃发展等因素，高校教学社会化在职业教育与培训领域已十分普遍，在学历教育中也开始探索和尝试。学历教育中，高校与公司合作包括多种模式，相对稳妥的一种模式是外包课程平台与支持服务，课程内容仍由高校教师把控。2007 年，美国德州拉马尔大学与德州高等教育控股公司签订协议，合作开设在线研究生课程项目，高校把控入学和课程内容，公司负责招生宣传、在线学习平台运营和维护、学习支持服务等，这一项目的学费水平为在校学习的 60%，学习周期也从 24 个月减为 18 个月，因此受到学生欢迎（Russell，2010）。类似的在线研究生项目在美国逐步普及，一方面为在职人员、在校学生等提供深造或者跨领域学习的机会，一方面也为高校带来了学费收入。另一种更为激进的模式是完全外包，授课教师的聘任、课程内容的设计、课程推广运营和维护、教学支持服务等工作全部由公司完成，公司通过与高校签订协议帮助学生将学分转到合作高校中。这种模式起初仅得到美国社区学院的认可，因为社区学院的师资力量和办学条件有限，难以开设需要实践实训条件支持的工程技术类课程以及知识更新速度快的计算机类课程，但是近年来也在一般性公立大学得到推行。斯凯特莱茵是美国的一家网络教育公司，为学生提供与本科学士学位相匹配的公共课程，包括大学英语、会计学、微观经济学、宏观经济学等，学生每月支付 99 美元外加每门课程支付 39 美元即可学习网站上的任意课程，通过线上考试即可获得学分，承认其学分的学校包括美国堪萨斯州的六所公立大学之一的福特海斯州立大学（Russell，2010）。

在中国高校，大学全日制教育的所有课程基本上由本校教师自己承担。对于综合性高校，专业齐全的优势是便于构建门类齐全、种类多样的课程体系；对于专业性院校，公共与通识类课程体系的建设需要投入较多资源，通过成立公共基础教学部门专门讲授一些公共课或选修课，例如，理工类院校投入资金成立人文社科类学院并聘请相关学科教师。中国高校有时会聘用少量兼职教师，但其目的与美国存在显著差异。美国聘请兼职教师更多是为了完成基础课程的授课任务，中国更多是为了聘请专业领域更为知名的专家学者或者高级人才弥补教学科研方面的不足，例如，很多学校会聘请一些知名学者担任客座或兼职教授。

相较于全日制教育，中国高校在继续教育领域采用非核心教学社会化的做法更为普遍。在非学历继续教育培训中，高校的培训项目通常会同时聘请校内和校外师资，校内师资讲授本校优势课程，校外师资进行补充。以北京大学、清华大学、浙江大学为例，校外师资在非学历继续教育授课教师中的比例达到50%以上，来源包括政府部门或研究机构的研究人员、企业中高层管理人员、其他高校专职教师等，有效弥补本校师资在专业设置和实践应用方面的不足。在学历继续教育中，部分高校网络教育学院直接向其他高校或企业购买视频或网络课程，补充自身公共和通识类课程库，抑或是聘请校外人员组成虚拟教学团队为学习者提供学习支持服务。近年来诸如北京物资学院、北京印刷学院、北京石油化工学院等非现代远程教育试点高校，通过购买网络课程开展混合式教学改革，丰富课程类型与学习资源形式。这些灵活多样的举措既满足了学习者的需求，为学习者提供更加完善和细致的教学服务，又节约了办学成本，促进了组织间优质资源的共享。

三、 "互联网＋" 时代的教育组织变革

"互联网＋"的落脚点是推进新业态的产生与原有业态的转型，"互联网＋教育"谋求的不是教育的技术化或互联网化，而是以互联网为基础设施和创新要素，构建新的教育生态（陈丽等，2016）。颠覆型新技术的出现及其在教育领域的应用，可能改变整个教育组织结构和资源分配方式，进而影响教育的组织模式和服务模式，具有破坏性和变革性（陈丽等，2017）。

（一）以教学为链条的专业化分工

现代社会是一个精细分工和专业化的社会，产业化分工和协同有效促进生产效率的提升，但是在服务业特别是教育服务行业，产业链层面的分

工和协同尚未形成体系（杨学祥等，2016）。大多数高校机构齐全、独立运转，正如"象牙塔"一般缺少跨组织的分工与合作。这一现象在教学领域尤其明显，当前中国大学的课堂仍是以教师独立授课为主导，"教什么""怎么教""如何考"基本均由教师独自把控。这种模式下，教师实际上控制的是输出端，一流大学的优秀教师能够将最前沿的思想、理论、方法传授给学生，但是接收端的实际掌控者是学生，学生的学习效果严重依赖其自身的学习动机、学习能力和努力程度。从系统论和控制论的角度出发，这种模式下教学效果的好坏存在很大的不确定性，抑或是存在优化提升的空间。

今天世界一流大学的本科、研究生教学，早已不再是依赖教师直觉和本能的经验主义教学，而是按照系统化思路设计、重视师生与生生互动、吸纳生成性资源的动态建构过程（郭文革，2016）。长期以来，大学盛行专业知识的性质与结构决定大学教学有效性的观点，默认了"专家天生会教书"的教育教学方式，但是近代一些大学教学改革实践证明，教学是否符合学生的学习特点和规律对教学效果同样重要（赵炬明，2018）。西方一流大学的课程在近几十年的教学改革中相继采取了系统化教学设计的思想和方法，诸如布鲁姆认知模型、ADDIE 设计模型（Analysis，分析；Design，设计；Develop，开发；Implement，实施；Evaluate，评价）、课程矩阵、积极学习策略模型等，从人才培养目标出发，依据知识体系层次关系和教学目标难易程度设计学科专业课程方案，课程内部综合采用多种设计思想和技术手段细化教学步骤、教学活动、教学评价方案，为每个专业和每门课程制订了详细的课程方案和教学手册，最大限度地保障教学的系统性和规范性。几乎所有美国大学的教师发展中心会为教师提供专业的教学培训、辅导和咨询，而诸如《麦肯齐大学教学精要》等类型丰富的教学工具手册也帮助教师快速掌握并实践应用系统化设计的方法、工具与规范。同时，这种系统性的工作为学科专业教学的系统化评估提供了极大便利，专业课程体系的第三方认证与评估成为美国大学普遍采取的办法。

虽然系统化的教学设计能为课程体系的优化带来诸多好处，但是不可否认的是，其工作量和复杂性是巨大的，这也是目前中国大学普遍未采用这种模式的原因。近年来，在慕课风潮的带动下，中国的大学开始尝试教学方式的变革，在适应新的教学形式的过程中，系统化的设计思想和方法逐步渗透和影响教师的教学理念和行为。通常一位非教育技术领域的教师开授慕课课程需要接受系统性的培训，并由一支教学设计、教学支持、技术开发人员共同组成的团队支持配合。完成一门慕课课程的设计、开发和实施对教师来说是一项巨大的挑战，既要求教师具备优秀的学科专业知识和教学能力素养，又要求其具备一定的领导力以领导团队实现授课目标。这一过程本质上意味着以教学为链条的专业化分工，将原本由教师独立开展的教学转变为教师领导团队完成教学，借助于系统化教学设计的思想和方法提升教学的系统性和专业性，最终提升课程整体的授课效果。

（二）以课程为单位的教学体系重构

课程作为高校人才培养的核心手段，我国高校目前仍以独立建设为主，课程的跨组织建设与共享进展仍相对缓慢。当前高校课程一般分为通识课程和专业课程，高校在其所设专业上一般具有雄厚的师资基础，能够为学生提供全面扎实的专业课程，但在通识课程的建设能力上差异较大。近十多年来，中国高等教育改革提倡通识教育，为此掀起一股大力建设通识课程的热潮，综合性大学在建设通识教育课程体系方面具有先天优势，能够为学生提供思政、人文、艺术、体育、科技等多领域的通识课程，但是理、工、农、医等专业性院校在这方面欠缺师资，依照传统思路需要成立新的院系或者教学组织。部分高校依照这一思路开展实践，但是新的院系或者教学组织遇到学科地位边缘、教师职业发展困难等问题，甚至出现裁撤新建机构等现象。同时，高校兼顾非核心教学业务需要招聘师资、组建教师团队，这在一定程度上可能挤占学校核心业务发展的资源（张优良等，2018）。所以，相较早期追求大而全以建设综合性大学的思路，更多高校在规划未来发展时更加强调精准定位与特色发展，集中有限资源发展优势与特色学科，这对开展通识教育提出新的问题与挑战。

2016 年，教育部印发《关于推进高等教育学分认定和转换工作的意见》，指出高等学校之间学分认定和转换以课程为基础，各类高校学生学习外校课程并达到一定要求，通过本校认定后，可转换为本校相应的课程学分。这一改革思路一定程度上意味着以课程为单位的教学体系重构，除了教师的跨组织流动、科研的跨组织合作等形式外，课程作为单元或者产品可以被不同大学的学生所共享，这必将开启人才培养这一大学核心领域的跨组织变革。伴随着这一趋势，精英大学对优质课程独享垄断的局面将被打破，课程已经突破大学校园的有形围墙，实现在不同高校之间、不同群体之间的共享（尚俊杰等，2017）。部分高校全日制本科教育已经开始尝试认定慕课学分，例如中国地质大学（武汉）教务处网站显示，该校从2016 年开始实行慕课学分认定工作，凡在中文慕课平台"好大学在线""学堂在线"修读在线课程并通过课程考核的同学，可申请该校"通识教育选修课"学分［中国地质大学（武汉）教务处，2016］福建师范大学从2015 年开始将慕课作为公共选修课的一种形式，既包括"中国现当代散文研究""追寻幸福：西方伦理史视角"等本校和其他高校开设的课程，也包括"职业素质的养成"等由企业人员讲授的课程（福建师范大学教务处，2015）。在优质资源共享过程中，企业也起到了推动作用，比如中国大学 MOOC、智慧树、文华在线、超星等企业。尔雅是超星集团打造的通识教育品牌，拥有综合素养、通用能力、成长基础、创新创业、公共必修、考研辅导六大门类。作为核心的综合素养板块，由文明起源与历史演变、人类思想与自我认知、文学修养与艺术鉴赏、科学发现与技术革新、经济活动与社会管理、国学经典与文化传承六部分组成。他们请优秀教师录制了课程内容，并且提供了教学支持服务平台，客观上帮助了高校快速开出各种通识类课程。

虽然由于办学理念、管理制度、技术手段的差异，课程的跨组织建设与共享在全日制高等教育领域仍存在诸多壁垒和困难，但是在"互联网＋"时代，教育信息化的加速发展正使得国家教育资历框架和学分银行的建立成为可能。随着教育体制和教育制度的变革，课程的跨组织使用将成为一种常态化运作模式，高校内部的教学体系将以课程为单位进行重构，通过更大范围内的竞争机制实现优胜劣汰，并逐步实现由重复建设到相互竞争、再到集约资源建设优质课程与外购课程整合重构教学体系的转变。

（三）以服务为导向的组织结构变革

高等教育进入大众化阶段后，教学从数量增长向着质量增长的方向发展，教学不应满足于传递知识技能，更应该服务于学生的全面发展。传统教学以课堂为基本形式，长期沿用"一对多"的信息传播模式，教学形式单一、服务功能薄弱，无法做到对学生个体的有效支持。为此，美国大学以学习支持服务为导向开展了一系列组织结构变革。伯克利大学于 1973 年成立了伯克利学生学习中心（Berkeley Student Learning Center，简称 BSLC）（BSLC，2018a），旨在为不同起点的学生提供学习支持服务，满足不同类型的学习需求，让每个学生都能充分挖掘自身的学术潜力，实现学术志向与追求。该组织由 18 名专家学者、20 名研究生辅导员、300 名经过培训的本科生共同构成（BSLC，2018a），设置了八大类的支持项目，包括转专业与跨学科学习支持项目、留学生支持项目、数学与统计学支持项目、自然科学支持项目、社会科学支持项目、学习策略支持项目、本科生自设课程能力培训、写作支持项目（BSLC，2018b）。其中，本科生自设课程能力培训鼓励本科生自主创建课程，为其他同学或者低年级学生提供学习辅导（BSLC，2018c）。除了新建学习服务组织，大学中的传统机构也在重新定位并实现转型发展。例如，2016 年 4 月，美国图书馆协会发布的《2016 年美国图书馆状态报告》，显示高校图书馆借助学习和研究咨询服务提升了学生的学习能力和效果（曲蕴等，2016）。耶鲁大学图书馆为高年级学生配备熟悉相关学科的馆员，为其开展学术研究和写作论文提供指导支持；华盛顿大学部分专业课程教学计划中穿插有信息素养培训，大学图书馆馆员以助教身份培训信息检索与评估、文献编码与管理、论文写作规范等内容（张诗博，2018）。

当前我国大学的教学组织结构制约了多元化学习支持服务的提供。多数大学仍以学科作为教学部门分隔的依据，教学部门的核心任务是教授以学科为基础的知识能力体系，外语、计算机等基础知识体系的教学任务由公共教学部门或者专业院系担任，难以兼顾不同知识能力基础的学生群体。特别是近年来，中高收入群体的子女在外语和计算机等方面的知识能力基础快速提升，需要在大学低年级开设知识能力普及型课程的必要性下降。同时，多元化基础能力培养体系尚未建立，诸如批判性思维、高效阅读策略、考试准备和表现、讲座与课堂笔记、研究与应用型写作、公共演讲与表现力、学习促进与激励策略、挫折与情绪管理等对于学生十分重要的能力素养缺乏系统有效的支撑体系。这些多元化的需求对大学传统的教学组织结构提出巨大的挑战，以学科为基础的教学组织难以适应涉及领域多、难于体系化、基础差异大的学生基础能力培养需求。在开展"双一流"高校建设过程中，教学的提质增效应从精细化服务入手开展供给侧结构改革，用改革的办法推进结构调整，提高供给结构对需求变化的适应性和灵活性（人民日报，2016）。美国以服务为导向的教学组织改革对这一问题的解决具有借鉴意义，成立专门组织负责学生基础能力素养的培养，以项目制管理运行微课程群覆盖学生的多元需求，吸纳培训学生组成朋辈服务小组提供机动灵活的支持服务，提供"一对一"的咨询与辅导服务，帮助学习困难学生，促进教育公平。除了校内组织，校外专业组织也是学生能力培养的重要力量，例如选择校外英语考试辅导机构提升英语应试能力和应用能力成为众多学生的选择；又例如参加软件开发、网络工程、数字化艺术设计等实际操作能力培训在相关专业学生中逐渐普及。大学在设计人才培养方案时应综合考虑内部组织与外部组织的竞争优势，一方面推动组织结构改革，整合师资优势和软硬件资源，重点发展满足学生学习、研究、就业需求的优质课程与服务，淘汰"水课"，打造"金课"；另一方面合理认识和利用外部组织优势，通过购买资源与服务、开展教改合作、进行实践实训等方式弥补自身人才培养体系的不足。

（四）以技术为基础的学习环境再造

在直接作用于大脑认知机制的技术产生前，教育的主要手段是创设环境引导和干预学习者，使其能动地完成认知和建构的过程，柏拉图时代如此，现代社会亦如此，所不同的是创设环境的手段更加丰富多样。传统课堂中，学习环境的建构依赖教室、教师和纸质媒介，而在"互联网 ＋"时代，各种技术的加速发展与综合应用正在创设以富媒体、开放式、交互式、网络化、情境化、个性化为特征的虚拟空间，虚拟与现实的冲突与融合改造着人们的生存环境，也影响着人们认识外部环境、建构认知体系的方式。创设学习环境需要适应学习者特征的改变，为学习者个体发展提供更为全面的支持。

"互联网 ＋"时代的学习环境正在从数字化向智慧化过渡，其目标是建立一种能感知学习情景、识别学习者特征、提供合适的学习资源与便利的互动工具、自动记录学习过程和评测学习成果、促进学习者有效学习的学习场所或活动空间（黄荣怀等，2012）。在数字化学习环境时代，学习空间完成了从物理空间向物理—虚拟空间相结合的转变，学习媒介完成了从语言文字向图、文、声、像并行的转变，知识组织形式完成了从线性组织向网络化组织的转变，学习记录完成了从纸笔记录向数据库存储的转变，这些在现今的教学中都成为常态。在互联网、多媒体、超媒体链接、数据库等技术应用的基础上，为了支撑智慧学习环境的构建，以信息感知、信息处理、信息输出为核心的新型技术得到创新性的实践应用，高清显示、3D 虚拟现实和可穿戴设备技术极大地推动了学习者对信息呈现的感知，有利于学习者通过虚拟环境建构对现实世界和抽象体系的理解和认知；电子标签、智能传感器、生物识别技术为全面捕获学习者行为数据创造便利，有利于更为全面地追踪学习者的个体发展状态；自然语言处理、数据挖掘、智能决策技术加快推进学习者特征和行为数据分析的精准度，有利于推动个性化学习的实现。

"互联网＋"时代为学习环境再造提供了土壤，但不能否认的是利用信息技术再造学习环境成本与投入高昂，单纯依靠大学或者单一组织难以构建高水平的信息化教学体系。互联网公司在系统研发与运营和维护方面见长，专业团队的参与能够应对大规模并发和网络信息安全问题；移动互联网公司移动应用开发经验丰富，能够实现多终端支持，提供移动式、泛在式学习体验；数据分析公司善于建立数据模型和使用分析工具，能够应对学习者学习行为分析中的疑难问题；行业企业实习实训环境相对完善，有助于搭建虚拟仿真学习环境。不同组织的广泛参与，有助于从技术、人员、资金三方面完善教学信息化生态体系建设和循环，推动相关制度、模式、机制的建立，为未来高水平教学体系构建奠定基础。目前，以阿里巴巴、百度为代表的互联网公司参与了教育云平台的建设运维，Blackboard（毕博，一款在线课程管理系统）、Moodle（魔灯，一款在线课程管理系统）等企业或组织不断推进网络学习平台升级，新东方在线、沪江网校等公司不断探索互联网教育商业模式，豆瓣、知乎等知识分享社区为学习社区建设提供了借鉴和参考。这些探索虽未搭建起信息化教学的生态架构，但从不同方面对制度、模式与机制进行了有益的尝试，让学习的微系统变得更加丰富多样。

（五）以数据为支撑的教育评价变革

教育评价种类众多且内容丰富，可以依据不同教育目的和评价方式，从不同层次对不同对象展开科学评价，既可以对学生学习绩效与发展状况进行评价，也可以对教师教学质量、教育环境与资源、教育投入与产出等情况进行评价。传统的教育评价由于数据收集手段和方式单一，往往偏重学生学习的绩效评价，对教育质量提升和教育决策缺乏支撑；同时，大范围和全面的教学评估投入人力物力过多，使得常态化、智能化的教育评价难以开展。

"互联网＋"时代的教育评价基于对数据的全面采集与科学分析，正从"经验主义"走向"数据主义"，从"宏观群体"评价走向"微观个体"评价，从"单一评价"走向"综合评价"（余胜泉，2015），而基于此开展的研究或应用常称之为教育大数据分析。大数据分析拓展了教育评价的理论内涵和应用外延，可以为不同层次、不同目标的教育评价提供量化数据支持，帮助教育决策者、管理者、教师、家长客观了解教育发展现状、趋势，帮助科学评价学生的学习成果与教师教学的有效性（郑燕林等，2015）。当前，教育大数据分析主要包括三大前沿：一是学习分析，即利用松散耦合的数据收集工具和分析技术，研究分析学习者学习参与、学习表现和学习过程的相关数据，进而对课程、教学和评价进行实时修正（徐鹏等，2013）；二是数据挖掘，即从量级巨大、结构离散、意义模糊、噪声杂糅、采集随机、部分缺失的行为数据中发现影响因素、建构特征模型、评估过程质量、探索未知规律的过程；三是智能决策，即应用科学决策模型和人工智能技术提升决策过程的自动化水平，包括自动化拟订方案、自动化评估方案风险收益、自动化搜集反馈数据以及评价方案实施效果等。

当前，学习行为时时刻刻在发生，学习数据时时刻刻在产生，但数据结构的混乱与数据分布的分散成为以数据为支撑开展教育评价的最大障碍。比较而言，无论是购物的天猫、淘宝、京东，还是社交的微信、微博，这些相对统一的平台和数据格式为用户行为数据的采集和分析创造了便利，从简单的点击量、登陆时长、地理位置的热力图分析到复杂的用户关系、行为偏好预测分析，平台运营者可以基于数据分析评价用户，创造商业价值。以往，教育服务集中垄断程度低，平台众多，用户分散，无法获取上述购物、社交平台那样量级的样本数据；同时学习行为建模相较消费行为建模和社交行为建模更为复杂，学习行为建模以提升学习者学习成效为目标，因学习者个体差异难于构建统一模型，因此往往平台上沉淀大量离散数据而无法提取分析。在慕课风潮影响下，大规模开放在线课程平台，如 edx 和 Coursera 等平台累积了一定的用户学习行为数据，虽然仍无法达到购物、社交等平台的量级，但也为大数据分析提供了可能。研究者们基于这些平台的开放数据可以分析基本的学习行为偏好，例如选课集中度、课程参与度、学习成绩影响因素等（王萍，2015），但距离全面科学评价仍有较大差距。

四、 非核心教学社会化的实现路径

非核心教学社会化的实现包括三个层面：一是研发社会化。整合校内外各方资源研发课程，这一过程中以研发课程为中心目标，人员、技术、资金、智力成果进行跨组织的交流与合作。二是服务社会化。将"课程 + 服务"包装为产品进行跨组织的共享或交易，这一过程中课程是跨组织传播的载体，服务是跨组织传播的通道，通过应用不同的制度或模式提供教学服务以传播课程价值。三是信息社会化。在课程及服务社会化过程中必然提升课程应用的广度和深度，聚集由学习者学习行为产生的大量信息数据，对终身学习社会中教育组织的产品研发具有重要价值。

（一）以课程研发为核心的资源整合

"互联网 +"时代，人们常用"产品"这一概念来描述企业的产出，通常指能够供给市场，被人们使用和消费，并能满足人们某种需求的任何东西，包括有形的物品、无形的服务、组织、观念或它们的组合（吴健安，2011）。产品是企业竞争力的集中体现，产品能否赢得市场是企业生存的关键，而课程是大学履行人才培养功能的核心手段，人才培养目标的实现依赖于科学完善的课程体系。产品强调设计与研发的过程，而在非核心教学社会化的过程，课程与产品的属性非常类似，即通过设计和研发向教育市场提供能满足学习者学习需求的有形资源和无形服务。在企业中，产品的设计研发通常由产品经理所主导，他们负责市场调查并根据用户的需求设计产品，选择研发路径和产品策略并推动相应产品的研发过程。在这一过程中，产品经理需要调动企业内部和外部的一系列相关资源。未来大学课程的设计与研发需要吸收和借鉴这一模式，教师综合调动各种校内和校外资源，借助系统化设计与开发工具，采用规范化流程，搭建学习环境，丰富学习资源，优化支持服务，开展全面评价，提升学习效果。对于大学内部无法实现的任务分工，或者是校内实现起来经济效率不高的任务分工，应开展跨组织合作，借助优势力量和优势资源完成课程的设计与研发。由尚俊杰牵头完成的"游戏化教学法"被教育部评为 2017 年国家精品在线开放课程，本门课程制作团队成员来自普通高校、艺术类院校、教育行政部门、教育游戏创业团队等单位，从教育游戏理论、教育教学实践、影视编导创作、教育游戏开发等方面进行支持，共同完成了课程的设计、制作与教学过程。当前，诸如此类多领域多专业人员共同开设慕课的案例屡见不鲜，将极大提升课程与教学服务的整体水平与质量。

（二）以教学服务为通道的价值传播

非核心教学社会化的目标是以课程为载体对智力成果进行跨组织传播。课程作为大学竞争力的集中体现，通常被大学禁止进行跨组织传播，但在"开放课件"项目、"开放教育资源"运动、"大规模在线开放课程"的引领下，开放理念日益深入人心，大学逐步重视社会服务和文化传承职能，并参与面向社会提供学习资源和教学服务的活动。哈佛大学作为世界顶尖学府，倡导"将哈佛的优质教育拓展到整个社会"的理念和宗旨，依托自身齐全的学科体系和雄厚的教学资源开办涵盖文、理、经、管、医、法、教等领域的培训项目，覆盖不同年龄阶段、不同社会阶层、不同职业领域的人群，除了哈佛拓展学院、哈佛暑期学校、哈佛职业发展中心、哈佛老年学习中心专职开展继续教育外，商学院、医学院、政府学院、神学院等众多专业院系也通过各类项目和课程满足不同人群的学习需求。国内大学在开展通识教育过程中课程重复建设现象严重，既浪费大量人力物力，又不一定能取得良好成效，对于专业性很强的院校，这甚至成为一种负担，因此，跨组织提供教学服务成为一种潜在的选项，通过建立完善的教育制度和应用有效的商业模式以实现教学服务供需双方的互惠共赢。西方名校早已将学分互认作为校际合作的重要方式，哈佛大学与麻省理工学院、斯坦福大学与加州大学伯克利分校的学生在双方合作框架下可以选择对方高校的课程，并根据一定的换算标准实现学分互认，真正实现课程资源与教学服务的共享与互补。中国高校近些年也在探索，比如北京大学张海霞教授牵头依托东西部高校慕课联盟开设了一门创新创业类学分慕课"创新工程实践"，目前在300多所高校推广，每年都有数万学生一起学习，效果良好。该课程利用直播或录播的方式请最优秀的教师来讲课，本地教师进行辅导或补充授课，客观上实现了快速传播创新创业理念的目标，一定程度上也促进了优质教育资源共享。

（三）以信息数据为支撑的深度应用

在大数据时代数据即资源的背景下，搜集、掌握与应用教育数据将成为未来大学竞争力的又一重要构成要素，开展非核心教学社会化一定程度上是以课程和服务换取数据的手段。当前，以免费服务换用户流量是互联网企业中一种重要的商业模式，除了为企业赚取广告收入，更为重要的是获取用户的行为数据，支付宝、微信等应用的成功要素之一正是基于海量用户数据的商业应用。未来掌握教学与学习大数据也必将推动教育组织服务与运行模式的深刻变革。在线少儿英语（VIPKID）作为目前国内互联网教育企业中估值比较高的公司，在主打"一对一"网络面授辅导的同时，正着手打造个性化评测系统，自主对应学生的学习状况和学习水平进行学前测评，并在之后的学习中推荐适合孩子年龄与水平的题目。无论是测评系统还是其他学习系统，要提高智能性与准确度都需要通过机器学习算法对大样本数据进行加工处理，以在线少儿英语为代表的互联网教育公司借助商业化运作获取样本数据，进而提升学习培训平台整体性能，必将为企业的未来发展奠定竞争优势。数据除了带来系统的优化提升，同样可以训练优秀的职员团队。笔者之一在研究生期间对北京大学继续教育学院所开展的中小学教师国家级培训计划进行跟踪研究，通过对山西省和河南省小学语文项目中 45 名辅导教师和近 5000 名学生的网络学习行为进行编码分析，确定任务设定与发布、任务实施督促、任务引导与纠错等七大类 26 种有效支持行为，形成通用性会话策略、通知传达策略、问题解答策略等六大类 19 种网络辅导策略，促进了虚拟教学团队的能力提升。这些基于数据分析形成的制度、规范、程序、策略也是组织竞争力的重要组成部分，与技术一同推动"互联网＋"时代教育组织的变革。

需要特别指出的是，如果高校希望更好地应用教育大数据，就势必需要和其他高校、企业等社会组织进行合作和交流，借助社会化的力量，才能真正地获取、处理和分析好大数据，从而更好地促进教学和管理工作。

五、 非核心教学社会化的风险管控

高校非核心教学社会化将是继后勤社会化、管理服务社会化之后的又一次深层次变革。这一变革不再局限在大学组织的外围领域，而是直接深

入大学内部的教学组织，引导课程研发的分工合作，开展课程与服务的跨组织协作，促进学习行为数据的深层次分析应用。跨组织课程研发能够引入优势资源，提升工作效率；跨组织教学服务能够减少重复建设，扩大社会影响；跨组织数据研究能够提升教学效果，支撑教育决策。同时这一系列的变革必将引发大学组织内部的鲶鱼效应，对提升大学核心课程体系的建设起到助推作用。

非核心教学社会化在带来积极作用的同时也必将带来风险与挑战。首先，大学组织长期处于象牙塔般的半封闭状态，在社会化合作与市场化竞争方面缺乏自我保护机制与经验，在外部恶意侵权方面常常处于不利地位；其次，非核心教学社会化对课程主持教师提出更高的能力要求，在现有高校教师专业发展体系中难以快速达到，甚至容易引发高校教师团体的反对；最后，知识产权保护机制仍有待建立健全，如何界定和保障高校和教师对课程享有的知识产权有待进一步研究。

高校非核心教学社会化改革应注重风险管控。首先，应该坚守大学核心价值理念，公立大学在开展改革过程中应坚持合作共享与社会服务的属性，摒弃营利性教育机构单纯追逐利益的动机与行为；其次，应该主导课程研发和教学服务，高校和教师在跨组织开展课程研发及提供教学服务的过程中应始终坚持主动权；再次，应该强化质量保障体系建设，依靠教育制度和监督评价机制保障课程和教学服务的质量，不损害学校的声誉与形象；最后，应该加强大学联盟建设，在联盟内开展跨组织共享与协作，逐步提升大学教学组织的沟通协作能力，促进优质资源的交流与共享。

六、 结语

近年来，高校组织变革正在加速，与以往内驱式的变革不同，外部制度、技术等因素正在成为高校组织变革的重要因素，推动高校适应外部环境的要求。这一方面与高校组织群落密度加大、内部竞争加剧有关，另一方面也与社会环境快速变革、组织创新活跃密切相关。全球化推动了高等学校在全球教育市场的竞争，“互联网＋”时代的媒介和技术环境深刻影响人们的认知习惯和学习方式，教学系统化与个性化的取向冲击着“专家天生会教书”的论断，以教学为链条的专业化分工、以课程为单位的教学组织重构、以服务为导向的组织结构变革、以技术为基础的学习环境再造、以数据为支撑的教育评价变革正成为大学组织应对外部挑战的有效手段，推动非核心教学社会化，促进大学关注核心使命、提升竞争优势，在大学组织间以及外部组织的竞争中赢得发展机会与空间。

参考文献：

［1］AAUP. Visualizing Change：The Annual Report on the Economic Status of the Profession，2016 – 17［EB/OL］.［2018 – 6 – 30］. https：//www. aaup. org/sites/default/files/FCS_ 2016 – 17. pdf.

［2］Berkeley Student Learning Center. About the SLC［EB/OL］.［2018 – 6 – 5］. https：//slc. berkeley. edu/about-slc.

［3］Berkeley Student Learning Center. Programs and Service Formats［EB/OL］.［2018 – 6 – 5］. https：//slc. berkeley. edu/programs-and-service-formats.

［4］Berkeley Student Learning Center. Undergraduate Course Facilitator Training & Resources（UCFTR）［EB/OL］.［2018 – 6 – 5］. https：//slc. berkeley. edu/undergraduate – course-facilitator-training-resources-ucftr.

［5］陈丽,林世员,郑勤华.“互联网＋”时代中国远程教育的机遇和挑战［J］. 现代远程教育研究,2016(01)：3 – 10.

［6］陈丽,郑勤华,林世员."互联网＋"时代中国开放大学的机遇与挑战［J］.开放教育研究,2017,23(01):15－20.

［7］科伯.高等教育市场化的底线［M］.北京:北京大学出版社,2008.

［8］杜方波.高校后勤社会化与建立现代企业制度［J］.青岛大学师范学院学报,1998(01):92－94.

［9］福建师范大学教务处.关于2014—2015学年第二学期开设 MOOC 式课程的通知［EB/OL］.［2018－6－5］.http://jwc.fjnu.edu.cn/0f/fc/c432a4092/page.htm.

［10］GLICKMAN T S,HILM J,KEATING D, et al. Outsourcing on American campuses［J］. International Journal of Educational Management,2007(05):440－452.

［11］郭文革.高等教育质量控制的三个环节:教学大纲、教学活动和教学评价［J］.中国高教研究,2016(11):58－64.

［12］黄荣怀,杨俊锋,胡永斌.从数字学习环境到智慧学习环境:学习环境的变革与趋势［J］.开放教育研究,2012,18(01):75－84.

［13］教育部等.关于进一步加快高等学校后勤社会化改革的意见［EB/OL］.［2018－5－30］.http://www.moe.edu.cn/s78/A03/ghs_left/moe_638/s6618/201207/t20120706_138942.html.

［14］KIRP D L. The Corporation of Learning:Nonprofit Higher Education Takes Lessons from Business［EB/OL］.［2018－4－23］.https://eric.ed.gov/?id＝ED503632.

［15］LEE J, CLERY S. Key trends in higher education［J］. American Academic,2004(01):21－36.

［16］LIPKA S. Student Services, in Outside Hands［N］. The Chronicle of Higher Education. 2010－06－13(56).

［17］MOORE J E. Do corporate outsourcing partnerships add value to student life?[J]. New Directions for Student Services，2002(100):39－50.

[18]PALM R L. Partnering through outsourcing[J]. New Directions for Student Services，2001(96):5－11.

[19]曲蕴,马春. 2016年美国图书馆状态报告[J]. 图书馆杂志，2016(06):113－130.

[20]RUSSELL A. Outsourcing Instruction：Issues for Public Colleges and Universities. Policy Matters：A Higher Education Policy Brief. [J]. American Association of State Colleges & Universities，2010(07).

[21]人民日报独家专访. 七问供给侧结构性改革：权威人士谈当前经济怎么看怎么干[N].人民日报，2016－1－4(2).

[22]尚俊杰. 教育流程再造：MOOC 之于高等教育改革[C]//北京大学,北京市教育委员会,韩国高等教育财团.北京论坛(2013)文明的和谐与共同繁荣——回顾与展望:"高等教育的全球参与和知识共享"分论坛二论文及摘要集. 北京:北京大学,北京市教育委员会,韩国高等教育财团2013:13.

[23]尚俊杰,曹培杰."互联网＋"与高等教育变革：我国高等教育信息化发展战略初探[J]. 北京大学教育评论，2017(01):173－182.

[24]尚俊杰(2018).如何利用大数据技术,让报考尽量满足学生的心愿?[EB/OL].[2018－7－2]. http://3g. 163. com/dy/article/DLO39EGC0511JS4O. html.

[25]WOOD P A. Outsourcing in Higher Education. ERIC Digest[EB/OL].[2018－2－15]. https://files. eric. ed. gov/fulltext/ED446726. pdf.

[26]吴健安. 市场营销学[M]. 北京：高等教育出版社，2011.

[27]王萍. 基于 edX 开放数据的学习者学习分析[J]. 现代教育技术，2015(04):86－93.

[28]新华网. 2015教育发展统计公报:高等教育毛入学率达40.0%

[EB/OL]. [2018 - 7 - 7]. http://education. news. cn/2016 - 07/07/c_129125272. htm.

[29]徐鹏,王以宁,刘艳华,等. 大数据视角分析学习变革：美国《通过教育数据挖掘和学习分析促进教与学》报告解读及启示[J]. 远程教育杂志,2013(06):11 - 17.

[30]杨学祥,张魁元,胡鹏."互联网 + "时代高校继续教育发展的机遇与挑战[J]. 继续教育, 2016, 30(12):3 - 6.

[31]余胜泉. 突破与转型:数字校园及其智慧化发展趋势[J]. 中小学管理, 2015(05):4 - 8.

[32]中国地质大学(武汉)教务处. 关于2015秋季学期 MOOC 课程学分认定的通知[EB/OL]. [2018 - 6 - 26]. http://jwc. cug. edu. cn/info/1976/4397. htm.

[33]张诗博. 美国高校图书馆大学生学习支持服务的特征及其启示[J]. 图书馆理论与实践, 2018(01):83 - 88.

[34]张优良,尚俊杰."互联网 + "与中国高等教育变革前景[J]. 现代远程教育研究, 2018 (01):15 - 23.

[35]郑燕林,柳海民. 大数据在美国教育评价中的应用路径分析[J]. 中国电化教育, 2015(07):25 - 31.

[36]中华人民共和国国家统计局. 中国统计年鉴2017:各级各类学校情况. [EB/OL]. [2018 - 6 - 30] http://www. stats. gov. cn/tjsj/ndsj/2017/indexch. htm.

[37]赵炬明. 聚焦设计:实践与方法(上)——美国"以学生为中心"的本科教学改革研究之三[J]. 高等工程教育研究, 2018(02):30 - 44.

教育科技助力因材施教，"问向"在行动

陈启山①　李希希②　朱廷劭③　陈斌斌④　蔡丹⑤　管延军⑥
（问向实验室）

教育，是社会、学校、家庭"三位一体"的一个系统工程。社会发展所带来的竞争加剧，转化为教师和家长的焦虑，成为学生学习和发展过程中的"生态环境"。同时，社会发展所带来的技术进步，也成为缓解教师与家长焦虑，促进学生学习与发展不可或缺的"利器"。

以助力学校的因材施教、家庭的科学养育和学生的全面发展为己任的

① 陈启山，博士，华南师范大学心理学院副教授，硕士生导师。问向实验室全球教育评价研究中心主任。
② 李希希，博士，职业生涯教育专家，教育部学生发展指导工作组专家，复旦大学特聘专家。问向实验室总监，专家研究员。
③ 朱廷劭，博士，中国科学院"百人计划"学者，研究员，博士生导师。问向实验室全球未来人才研究中心主任。
④ 陈斌斌，博士，复旦大学社会发展与公共政策学院副教授，心理学系主任。问向实验室全球家庭发展研究中心主任。
⑤ 蔡丹，博士，上海师范大学教育学院心理系教授，中国心理学会青年工作委员会副主任。问向实验室全球特殊人才发展中心主任。
⑥ 管延军，博士，英国杜伦大学商学院管理学教授。问向实验室全球教师发展研究中心主任。

问向实验室，基于"前瞻性、科学性、应用性"的原则，借助现代教育科技，以中国本土大数据为基础，融合国际研究范式，探析教师和家长焦虑的状况，描绘学生发展的"生态环境"，开发遵循各年龄阶段学生发展特点的、因材施教的教育科技工具，为学生的学习和发展提供"利器"。

一、 学生发展的 "生态环境"： 教师与家长的焦虑

1. 基于社会媒体数据的我国教师焦虑状况研究

教师焦虑是指不同类型的教师在从事学校日常交际和课堂教学的过程中，由于对未来或现时教学对象、目标达成和情景的不确定性而表现出不安、紧张、呆板、惶惶不可终日，甚至神经系统功能紊乱（如失眠、溃疡等）的主观情绪体验（Frenzel et al.，2016）。

教师焦虑的成因有很多（Coates & Thoresen，1976；Ferguson，Frost，& Hall，2012），主要有以下几个方面：（1）学生纪律遵守情况、应对学生的不良行为、学生对自身的评价等是教师焦虑的来源，而且是引发教师焦虑的主要原因；（2）职前教师和初任教师易遭受来自工作的焦虑，如班级管理、与家长交流、害怕自己的工作得不到同行认同等；（3）教师自我同一性及价值得不到体现会引发教师焦虑，教师作为社会人所需的物质条件得不到满足也容易产生焦虑情绪；（4）社会对教师的过分关注和不合理期待以及与社会人群的交流障碍都会导致教师焦虑；（5）其他因素导致的焦虑，如疾病等消极经历导致的焦虑，教育体制的变革带来的焦虑。

教师焦虑有诸多负面影响。教师的焦虑会引发教师生理上的反常和不适，危害教师教学以外的生活，如出现酗酒、破坏家庭和同事关系等行为。教师的焦虑会影响教学行为的有效性，降低教师的自我效能，导致教师产生职业倦怠，从而对职业的发展表现出消极和抵制心理。教师的焦虑

容易传染给学生，影响学生的学习。应对和消解教师焦虑对教师和学生负面影响的前提就是要了解教师的焦虑状况。

为了对教师焦虑情况进行更全面的了解，需要对教师焦虑情况进行测量，目前常用的评定手段是问卷调查。虽然这种方法对心理变量的测量有相对扎实的理论基础，但也存在一些不足，比如，对于大规模或者超大规模的人群心理健康状况评测，需要投入巨大的人力、物力和财力，可能在一定程度上实现不了。如今，人们的学习、工作、生活和娱乐已经越来越离不开互联网。人们在互联网上的行为，以数据的形式被记录下来，成为一种极为客观的存在，也成为研究者对个体行为进行精细分析、科学预测的重要载体。比如，一项关于脸书（Facebook）的研究发现，用户在脸书上的"点赞"情况可以预测其大五人格（Wu et al.，2015）。有研究者基于大五人格理论，对宜人性、尽责性、外向性、开放性和神经质等五个维度分别建立微博行为特征与大五人格的线性回归模型，最终发现五个人格维度的预测分数与真实分数达到中等以上相关（Li et al.，2014）。相对于传统问卷调查方法，采用网络行为作为个体的外显性指标，利用已经训练得到的心理预测模型实现对心理指标的自动识别，即生态化识别（Liu et al.，2018），有着明显的优势，可以节省大量的人力、物力和财力，大大缩短了大规模群体评价的时间。

问向实验室联合中国科学院心理学研究所等机构的专家，利用生态化识别的方法，基于社会媒体数据研究了我国教师焦虑的状况。研究流程如图 1 所示。

图1　教师焦虑生态化识别的研究流程

我们以"磨课""听评课""示范课""赛课""我们班孩子""改作

业"等 6 个关键词，对课题组下载的 100 万字的微博内容，用计算机进行检索，筛选出满足下面条件的微博用户，即在发表的微博中至少 5 次提到上述任一关键词的，我们将这样的用户标注为教师微博用户，共计 4540 名。我们调用已经训练得到的"微博用户焦虑预测模型"，对每一位教师微博用户的焦虑情况进行预测，得到每位教师微博用户在 2010—2018 年间的焦虑得分，并在此基础上对教师的焦虑情况进行了统计分析。

我们首先按照省份和时间，统计出在 2010—2018 年之间各个省份的教师总体焦虑的变化情况，如图 2 所示。从结果中可以看出，总体而言，各个省份教师的焦虑水平保持基本稳定，其中个别省份的教师焦虑情况在 2014 年前后变化较大，但是后来也逐渐降低。

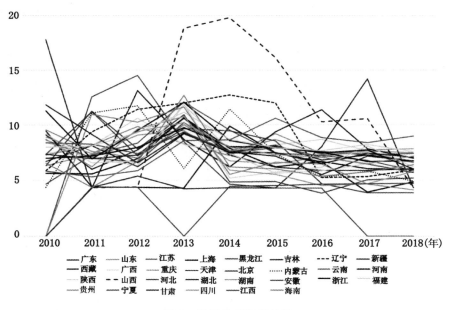

图 2 我国教师焦虑状况

按省份对教师焦虑情况进行统计，如图 3 所示。从结果中可以看出，山西省的教师焦虑情况显著高于其他省份，结合年份变化的情况，尤其是 2014 年前后的焦虑情况显著高于全国其他省份。但是，随后其焦虑水平逐渐下降，所以山西省教师整体焦虑水平应该和其他省份趋同。从各个省份的分布来看，教师焦虑高主要集中在经济发展水平居中的省份。对不同性别教师的焦虑程度进行对比，结果发现女性教师的焦虑水平（M = 7.80）明显高于男性教师（M = 7.16），这可能与女性教师在承担教师的责任之外，也要承担更多的家庭、社会责任，在晋升和个人发展方面受到一定影响有关。

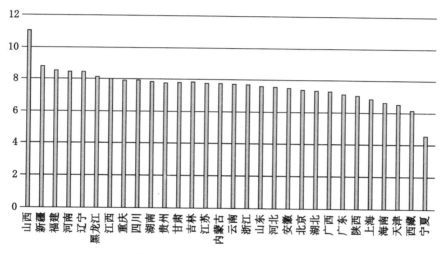

图 3　我国各省份的教师焦虑状况

2. 基于调查数据的我国高中生家长焦虑状况研究

家长焦虑主要是指家长在育儿过程中由压力、烦躁、不确定感、不安全感等因素综合产生的焦虑感。父母焦虑指数越高，越容易导致亲子沟通质量低，越容易形成焦虑的家庭环境，导致孩子的自信心与自尊感降低。而自信心与自尊感低的孩子越难以做出整合多元信息、理性的重要决策，在面对环境变化时，比他人更易感受到压力，且易于对压力产生消极反应，比如逃避、退缩、恐惧等（McLeod，Wood，& Weisz，2007；Möller et al.，2016）。

问向实验室联合复旦大学等高校的专家在 2016 年到 2017 年对 2350 名

上海高中生家庭进行了家庭环境适宜性研究，尤其对家长焦虑及其相关因素进行了研究，并根据研究结果对部分高中学生和家长通过讲座、培训等方式进行了干预，从而减缓家长的焦虑，进而改善青少年的家庭成长环境。

总体来说，有78.18%的父母焦虑程度处于警示级，表现在过分担心孩子的学习与生活，因而产生高频率的负面情绪，如提心吊胆、愤怒，脾气易激惹、内心脆弱，亲子关系有紧张感；有14.55%的父母焦虑程度处于预警级，表现在父母时常为孩子的事感到烦恼、不安和紧张；仅有4.08%的父母焦虑程度处于安全级别，表现在极少出现指向孩子的焦虑情绪，极少因为孩子的事而紧张烦恼；有3.19%的高中父母焦虑程度处于严重级别，表现在父母会因为孩子的小事以及对小概率事件的夸大而时常出现紧张、恐惧与愤怒的恶劣情绪，尽管明知不合理，但无法控制，严重时甚至影响心脏、血压、睡眠与食欲。

结果还显示，母亲的焦虑程度整体高于父亲。这比较符合大众对母亲与对父亲的角色差异认知。从心理学角度来说，母亲在孩子成长过程中往往与孩子互动更多，关系更加亲密。而且女性在自身成长过程中受到成长环境、社会环境、文化等的影响，一般更容易将情绪表露出来，这也可能是母亲焦虑程度整体高于父亲的原因。

为了进一步探索母亲与父亲在青少年成长环境中所扮演的角色，问向实验室对同一批学生的母亲和父亲对孩子的行为干扰程度也进行了研究。研究结果表明，有39.56%的学生父母的干扰程度为警示级，体现在父母常常过度干涉孩子的选择和喜好，例如专业选择、升学就业、人际交往、穿着打扮等，常常否定孩子的想法，在重要事情上以父母的决策为准；有29.86%的学生父母的干扰程度为安全级别，体现在父母会给予孩子肯定与支持，尊重孩子的成长节奏而非自己的节奏；有29.6%的学生父母的干扰程度处于预警级别，体现在对孩子的重要事情上，父母不相信孩子能为自已做出足够好的决定，虽然在表面上支持孩子，但在实际行为上却不断通过晓之以理、动之以情的方式让孩子接受自己的想法；仅有 0.86% 的学生父母的行为干扰程度处于严重级别。

整体来说，父母对孩子的行为干扰程度比父母自身的焦虑程度低，这一方面体现了现代父母的焦虑来源不只是对孩子教育的焦虑，也会受到其他诸如工作与家庭的平衡、生活压力等的影响，交织在一起才导致了焦虑高的状态；另一方面，也体现了现代家长在教育过程中可能会尽量避免让自己的焦虑直接影响到孩子的行为，而是通过间接的方法，让自己实现对孩子的教育目标。此外，通过进一步对家长焦虑与行为干扰进行分析，发现家长的焦虑程度与对孩子的行为干扰程度成正相关（r = 0.685，p < 0.01），其中母亲的相关程度略高于父亲，这在一定程度上也验证了前面母亲焦虑程度比父亲焦虑程度高的原因，也就是在对孩子的教育中，母亲跟孩子的相处更紧密直接，互动更多，对孩子行为的影响更多。

为了孩子能够更好地发展，父母普遍存在育儿方面的焦虑，而父母焦虑也反映出了社会和家庭教育的普遍困局。首先，在当代中国社会，社会育儿支持体系的相对薄弱，导致父母在育儿的过程中需要花费更多物质和心理资源。其次，当代社会普遍存在的社会竞争压力、教育公平性问题等多方面因素导致父母在育儿过程中的焦虑进一步加大。进入大学的竞争压力在不断增加，这就使得父母和孩子倾向于越来越早做准备。在整个高中时期，家长需要尽早安排孩子的辅导和课外活动。为了考入顶尖高校，父母在孩子身上投入的精力会越来越多，竞争加剧，焦虑感也会陡增。此外，从本研究结果也可以看出，父亲对孩子教育"缺位"的现象严重，导致母亲成为教育子女的主导者，这也加剧了母亲的焦虑程度（Li & Lamb，2013）。最后，我们也需要认识到，中国家庭的育儿焦虑并不是中国特色，欧美等国家也同样面临育儿焦虑问题。例如在美国，即使相对富有的家庭，也会为了孩子获得更多、更高质量的知识和技能而投入大量资源，也会有"不能让孩子输在起跑线上"的焦虑，尽其所能要把孩子送进更好的学校。

学校与家庭是孩子成长的重要环境，教师焦虑与家长焦虑已成为不可忽视的"教育生态问题"。如何降低教师和家长的焦虑，是摆在我们面前的问题。解决方案有多种可能，其中，剖析学生的心理特点和发展潜能、实施因材施教、推动学生的全面发展被教育界的广大理论研究者和实践工作者所推崇。问向实验室坚持严谨的科学标准和温暖的人文关怀，研制和开发了一系列识别学生发展需求、解决关键发展议题、达成幸福成长的智能教育应用工具。

以下对部分应用工具做简要介绍。

二、 学生发展的 "利器"： 因材施教的智能教育应用

1. 中国小学生学业潜能与社会性发展评估系统

教师、家长都会笃信、宣传和实践一个理念——"不要让孩子输在起跑线上"。但遗憾的是，没有人准确地告诉我们这条起跑线在哪里，也没有人准确地告诉我们这场比赛的终点究竟是在何方。而且看目前的发展趋势，这条起跑线有越来越往前移的倾向。问题是，这样的"奔跑"适合我们的小学生吗？

影响小学生学习的因素有很多，既包括学生的感知觉、注意力、记忆力、思维、想象、问题解决和创造力等认知能力，也包括学生的学习动力、学业情绪、家庭环境、学校环境、社会环境等非认知因素。任何一个因素都有可能影响学生的学习过程与结果。我们发现帮助孩子学习进步，不仅仅只有补课一种方式。有的孩子天天补课，但并没有改善学习效果。而有的校长着力于改善师生关系、学校环境等，竟很好地促进了学生的

发展。

学习是大脑发展的结果，大脑发展同时也促进孩子更好地学习。学习过程中的注意、记忆，语言学习、数学学习，道德行为规范等，都有相应的大脑基础。小学生的大脑发育处于快速发展过程中，不同个体大脑发育状态会有快慢与程度的差异。经常有老师和父母说自己的学生或孩子上课总好动、怎么也坐不住，控制不住走神、自控能力比较弱，做题粗心马虎、做事拖沓磨蹭、容易发呆，有时候还容易发脾气……这些行为都表明孩子的大脑处于发育状态，还不够完善，这也是小学生正常的情况和特点。反复提醒或者奖励惩罚虽然短时间内有一定效果，但其实并不能促进大脑更快发展。长期效果不佳，老师和父母都觉得很累。

教育要尊重学生的学习与认知发展规律。比如，感知觉和注意力的发展对小学低年级孩子而言，远远重要于思维的发展。抽象的运算及问题解决能力，要依靠儿童基础认知能力的发展。通过手眼协调等身体活动，加强学生视知觉的发育，从而促进视觉注意和视觉空间记忆能力。通过阅读和言语交流，加强学生听知觉的发育，从而提高听觉注意力以及语音记忆水平。这是今后儿童发展高级思维能力、创造力、抽象思维、批判性思维的基础和前提。此外，充足的睡眠甚至发呆，也是儿童大脑逐步发育的重要保障。

我们要了解小学生的认知与脑功能发育，知道他目前的“学不会”不代表他今后的不行，知道他已经很努力，但也可能暂时学不会。我们知道小学生对各个学科的情绪感受与动机和兴趣相关。我们想要评价小学生的学科素养，不仅是语文和数学成绩，更多的是数感、阅读等能力和兴趣。

除了传统意义上的语文和数学成绩的指标外，我们要把孩子当作一个完整的“人”来看待，这是一个有思想、有情感、有动力、有智慧的小学生，一个完整人格的小学生。学校环境譬如师生关系、同伴关系，家庭环境诸如亲子关系、家长支架性功能，小学生与他人交往的能力等都能够更为真实地表现这个人的各个方面。

综上所述，学业潜能和社会性发展对小学生的学业成功、个人发展至关重要。基于此，问向实验室联合上海师范大学等高校的专家，基于联合国教科文组织的终身学习理念、小学生综合素质评价原则、布卢姆教育目标分类学模型、CHC（卡特尔—霍恩—卡罗尔）认知理论和生态—环境系统理论等理论模型以及知名测评理论与工具（Bronfenbrenner，1994；Schneider & McGrew，2018；UNESCO Institute for Lifelong Learning，UIL，2014），研制、开发了针对小学生学业潜能和社会性发展的测评系统。

该测评系统共包括两部分：中国小学生学业潜能优势评估（Elementary Academic Advantage Potential Assessment）和中国小学生社会性发展评估（Children Social Development Assessment）。该测评系统涉及的评估模块主要有以下几类。

认知发展的评估。包含了专注力、记忆力和执行功能的发展。在小学阶段，小学生认知能力的各方面发展迅速，与小学生的学业发展与日常行为紧密关联。其中，小学生专注力和记忆力的发展会影响学生执行能力的发展，而执行能力的发展状况是学生学业发展的重要预测指标和影响因素。

学业能力的评估。阅读、数学等学业能力的评价除了学生的考试之外，阅读流畅性、理解、数感等指标可以更好地预测学生在未来一段时间内的学业能力。比如，数感是理解数，理解抽象与具象之间关系的能力，具体表现在理解数的意义，能用多种方法来表示数，能在具体情境中把握数的相对大小关系，能用数来表达和交流信息，能为解决问题而选择适当的算法，能估计运算的结果，并对结果的合理性进行解释。学生早期数感能力的发展对今后数学技能的掌握具有重要预测作用（戴斯，蔡丹，2017）。

社会化发展评估。这是学生在社会化发展的过程中，形成的人际关系、情绪管理、学习动机等一系列社会性心理特征。社会能力的发展会影响到学生在学校的适应情况和社交情况，甚至会影响未来的心理健康状况。其中，学习动机是预测学生学业表现的重要指标，学习动力越强的儿童努力学习的可能性会越大，取得满意的学习成绩的可能性也会更大。学业动机包含四个具体指标：成就目标、学习兴趣、学业自我效能感、学业情绪。

同伴关系的评价。这是儿童适应社会的重要指标，拥有良好同伴关系的儿童能够感受到更多的社会支持。掌握熟练的社交技巧，有利于儿童自我概念和人格的发展。

情绪能力的发展评价。这一指标会影响到儿童成长的各个方面，尤其是社会能力的发展，也会影响到儿童的社会交往能力，其中，情绪管理能力和情绪调节策略是重要方面。

在测评系统中，学生只要选择进入需要测评的模块，完成测试即可得到一份详细的测评结果报告。图4是测评系统的模块选择示例，图5是测评结果与报告的示例。

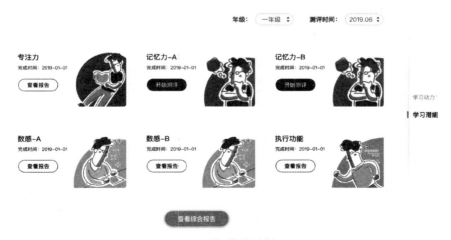

图4　测评模块示例

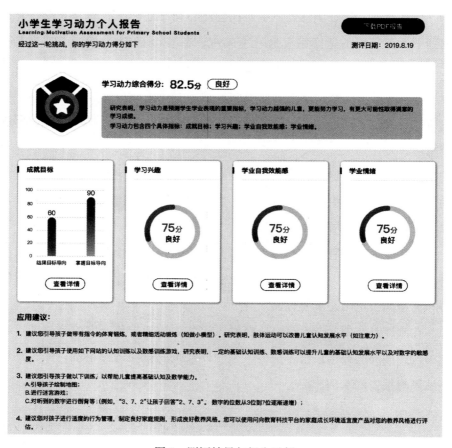

图5　测评结果与报告示例

2. 中国高中生专业定向评估系统

0—18岁儿童青少年的发展具有高度的连贯性、追踪性与成长性。不同年龄阶段所涉及的发展关键点不同。18岁的高三考生们面临的最重要问题是高考后的志愿选择与填报。它对考生的个人发展乃至职业成功至关重要，基本决定了考生成年之后个人专业发展的路径和可能。问题是考生们能做出科学、理性的选择和决定吗？

2016年9月，《中国青年报》社会调查中心对2002名大学生进行的一项调查显示，79.0%的受访者表示大学时想过转专业。大学生想要转专业的原因是什么？调查显示，52.4%的受访者对所学专业没兴趣，38.4%的受访者是因为高考专业没选好，31.4%的受访者感觉本专业与专业规划不符，26.5%的受访者表示是因为父母希望自己转专业，22.2%的受访者觉得学不好本专业，11.7%的受访者是一时冲动。考生如何科学、有效地选择一个合适的高等教育专业，是摆在了考生、家长、教育工作者面前的重要问题。

问向实验室联合华南师范大学等高校的专家，基于生涯建构理论、社会认知生涯理论等生涯发展理论（Savickas，2013；Lent，Brown，& Hackett，2002），结合人员素质测评技术和现代教育科技技术，研制和开发了一套帮助高三考生深化自我认知、优化志愿填报的测评系统——中国高中生专业定向评估系统（Chinese Major Orientation Assessment-High School）。该系统主要包括"问"和"向"两个板块。

在"问"的板块中，学生可以了解自己的专业兴趣和专业胜任力，从而科学地定位跟自己的兴趣与能力匹配的优势专业。为做到这一点，问向实验室做了一系列测评工具的研发工作。

首先，问向实验室根据国家的《普通高等学校本科专业目录》和《学位授予和人才培养学科目录》，梳理、研究了哲学、经济学、法学、教育学、文学、历史学、理学、工学、农学、医学、管理学、艺术学12个学科门类共92个专业的专业范畴、人才培养目标、课程设置、就业指导等信息，为专业胜任力模型的建构和探索提供了基础。

然后，问向实验室使用定性方法和定量方法相结合的研究范式，通过大量的文献分析，梳理国际权威能力评估与发展研究机构（如OECD、P21等）与测评工具的模型框架和测评维度 ［Cattell & Mead，2008；Cools & Bellens，2012；De Raad，2000；OECD，2018；Partnership for 21st Century Skills（P21），2006；Roid & Pomplun，2012；Sternberg，2003］，结合我国大学专业课程培养方案与教学目标和全国高校各相关专业的教师与学生的关键事件方法，初步构建了大学专业的胜任力模型，分析和界定了各个专业的核心胜任力。该模型提出言语理解、图表理解、数据分析、沟通合作、问题解决、系统思维、辩证思维、创造性思维、同理心、国际素养、政治素养等32项大学专业的胜任力特质，它们分属知识技能、思维方式和专业素养等三个范畴。每个专业均与一个胜任力群（读好该专业的胜任力特质的组合）相关，由此确定胜任力特质和大学专业的关联模型。

随后，问向实验室联合心理学、教育学、测量学等领域的专家，论证各个胜任力特质的测评方法，命制各胜任力特质的测评题目，从而得到初步的测评工具系统，并对测评工具系统进行多轮的专家评定与修改。修改完毕后，在全国范围内随机选取大量测试者进行预测，收集测试者的测评数据，使用SPSS、LISREL及M-PLUS等统计专业软件做数据分析，检验各测量题目的难度、区分度、信度和效度等心理测量学特征。根据项目分析的结果，确定胜任力测评的题目库。该题目库共有400余道题目，可以根据系统设定，抽取不同数量的题目，与职业兴趣测试一起组成面向学生的测评工具。

在评估系统中，学生只要进行相关的测试（测试时间30—40分钟），即可得到一份科学、全面的个性化测评结果报告。报告会呈现与测试者的个人兴趣和胜任力比较匹配的五个大学专业（如图6），作为推荐给测试者的专业选择参考。报告包含测试者与推荐专业的匹配指数，以及在该专业胜任力群中各胜任力特质上的水平等信息，测试者可以选择查看，做到"知己知彼"。

图6　专业定向分析结果示例

在"向"的板块中，为学生的大学专业探索提供"一揽子"的解决方案。学生可以根据测评结果，开始自己的模拟选科、志愿填报、专业与职业探索等活动。为达到这一目的，问向实验室做了一系列信息与资源的筛选与整合工作。

在智能选科模块，问向实验室整合了新高考背景下，北京、天津、上海、山东、浙江、海南等省市的高考报名指导信息，针对不同省市的高校招生政策与方案，致力于为学生提供全面、准确、高效的志愿填报信息和选科信息。在确定大学专业选择之后，学生可以进入智能选科系统，设置不同的学科选择方案，了解该选科方案下可报考的大学数量占全国开设该专业的大学数量比例和数量（如图7）。考生可据此信息，选择最利于自己的选科方案和高考志愿。此部分数据会根据每年各大学公布的数据进行实时更新。

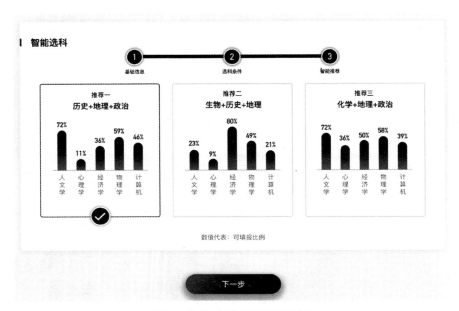

图 7　智能选科系统使用示例

在专业和职业探索模块，问向实验室梳理和整合大学信息库、专业信息库、职业资源库和活动资源库等信息资源（如图8和图9）。学生可以在大学信息库检索、了解《全国普通高等学校名单》中的全部1246所本科院校，以及部分专科院校的学校信息。学生也可以在专业信息库检索、了解和体验我国各大学专业的分类标准、专业介绍、专业词条、专业人物、专业书单、专业课程、专业公开课、专业活动等准确实用的信息。学生还可以在职业资源库中使用由问向实验室基于美国（职业信息网络 O＊NET）系统（Smith & Campbell，2006）和《中华人民共和国职业分类大典》建构的中国本土化职业库，检索和了解相关的职业介绍、职业人物代表、职业技能要求、教育要求、薪资水平等信息。活动资源库则提供了大学、专业和职业相关的各种活动资源，学生可以在平台上对感兴趣的大学、专业、职业、活动等进行初步的探索，形成对大学、大学专业以及未来职业的初步了解，以提升个人的职业生涯能力。

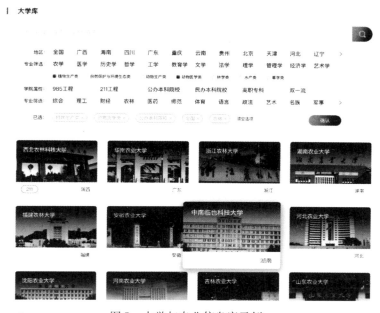

图 8　大学与专业信息库示例

图 9　职业资源库示例

3． 中国学生生涯教育指导的创新工具书

在一个充满变化、不确定性和复杂性的时代，个体的职业生涯发展已经无法用传统的职业生涯理论来精确"规划"，这给学生、教师和家长提出了新的挑战。如何采用前沿的理论和科学的方法助力个体积极构建和创造职业生涯的未来，成为社会普遍关心的问题。国家教育主管部门也提出了"注重学生文化素质、科学素养、综合职业能力和可持续发展能力培养，为学生实现更高质量就业和职业生涯更好发展奠定基础"这一指导性意见。

问向实验室联合英国杜伦大学等高校的国内外知名专家，编写了既体现国际理论和研究前沿，又适合中国国情的原创工具性教材《与未来通话：28 堂高中生涯必修课》（李希希，管延军，2019）。该套教材（如图10）由上海教育出版社出版，包括学生用书上、下两册和教师用书一册。教育学会领导与多所标杆校校长亲自作序推荐，链接教师教学工具平台，为新时代的中国生涯教育改革做出了开创性贡献。

图 10 《与未来通话：28 堂高中生涯必修课》书影

在理论性方面，该教材对职业生涯研究领域的前沿理论进行了系统梳理，并采用言简意赅的方式对主要理论的起源、发展和未来趋势进行了总结，为该教材打下了坚实而系统的理论框架。具体而言，《与未来通话：28 堂高中生涯必修课》对职业生涯发展的传统理论进行了回顾，主要包括早期的个人—环境匹配（Person-Environment Fit）理论模型，如霍兰德的职业兴趣（Career Interests）模型、舒伯的生涯价值观（Career Values）模型与终身职业生涯发展理论（Life-span Career Development Theory）和伦特的社会认知生涯理论（Social Cognitive Career Theory）等。本书同时强调：随着经济发展模式和雇佣模式的改变，强调稳定性的传统生涯发展理论已不足以解释在新的时代背景下个体的生涯发展问题，因此也汲取了新的前沿职业生涯发展理论来给读者提供更为有效的指导（Li，Li，Hao，Guan，& Zhu，2014）。

在前沿理论方面，本书包括了马克·萨维卡斯提出的生涯建构理论（Career Construction Theory）。该理论从发展的（developmental）、个体差异的（differential）、动力的（dynamic）三个角度，提出了生涯建构理论三方面的内容：个体在不同生涯阶段所面临的任务和所对应的策略具有承前启后的发展性，不同个体间的特质存在差异，生涯发展是个充满内动力的变化过程（Savickas，2013）。本书包括了安德烈斯·赫奇基于自我职业生涯管理（Self-Directed Career Management）而提出的生涯资源模型（Career Resources Model），其中重点介绍了四种互相关联的、动态变化的生涯资源：人力资本资源、社会资源、心理资源和职业认同资源（Guan，Arthur，Khapova，Hall，& Lord，2019；Wang & Wanberg，2017）。本书重点介绍了吉姆·布莱特等人的生涯混沌理论（The Chaos Theory of Careers）。该理论有四块重要的基石，分别是：复杂性（complexity）、改变（change）、机遇（chance）和建构（construction）。它认为个体是一个复杂的动力系统，我们需要接受复杂性、相互关联和变化的现实，并建设性地利用这些现实，为生涯意义和目标的实现而奋斗（Pryor & Bright，2007）。

在科学性方面，本书注重对研究证据的科学解读和合理使用，使读者能够对相关主题形成客观深入的理解。这样做的主要目的是防止对某些研究成果的过度解读和夸大，让读者不仅能够了解研究成果本身，并且能够养成科学管理自身职业生涯的素养。在实践性方面，本书聚焦于学生成长中面临的一系列典型问题，例如，职业决策困难问题、新环境适应问题、对未来感到迷茫等问题，采用专家解读的方式从认知、情绪和行为三个方面分析原因，并提供相关的建议和解决方案，从而便于读者实现举一反三、运用自如的学习效果（图11）。问向教材的使用，可以给学生、学校和家长带来职业生涯发展方面的全新理念和工具，帮助他们打破旧有观念，减少对生涯发展的复杂性、变化性和不确定性的焦虑感、不舒适感，建立更加科学的、开放的生涯认知方式。

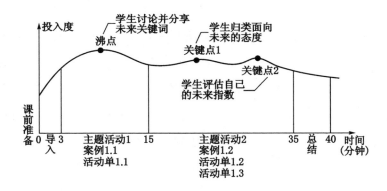

图 11　生涯课程的设计与实施

同时，问向实验室也自主开发了辅助个体进行职业生涯管理的科学测评和反馈工具，这些工具可以与教材进行配合使用，使得问向实验室所倡导的"因材施教"理念得以落地实施，为使用者创造全方位的辅导和支持。具体而言，问向实验室借力教育科技，精准刻画学生认知与个性特点，为学生的生涯规划和全面发展提供引导，培养个体在生涯发展当中的前瞻性和行动力，从而加强其在不同环境中的适应能力，使其主动掌控生涯发展的路径，充分实现自身的价值，体验到积极的人生意义。

问向实验室也会基于庞大的用户群体采用大数据等工具进一步研究其深层次的生涯发展规律以及内在需求，不断进行产品的升级迭代，以提升相关教材和工具的针对性和实用性。同时，针对研发过程中所发现的新时期生涯发展规律和需求，采用白皮书等方式向社会公布，并提出政策建议，以提升整个社会在职业生涯教育和指导方面的科学性和有效性。

中国正处在经济结构转型升级的关键时期，不少行业都存在高端人才和创新型人才匮乏的局面，如何在新的形势下建立适合中国国情的职业生涯开发和管理体系，保证人才培养和供给的可持续性，为不同个体创造发挥自身独特价值的空间，做到人尽其才，是国家和社会各界共同关心的问题。教育科技助力因材施教，作为行业标杆，问向实验室不但助力学校教育工作质量的提升，增强家庭教育和亲子互动的品质，更为国家教育政策改革和“人才强国”等国家战略的落地实施提供科学有效的途径。

参考文献：

［1］BRONFENBRENNER U. Ecological models of human development［M］//GAUVAIN M，COLE M. Readings on the Development of Children. 2nd ed. New York：Freeman，1997：37 – 43.

［2］CATTELL H E，MEAD A D. The sixteen personality factor questionnaire（16PF）［M］//BOYLE G，MATTHEWS G，SAKLOFSKE D. The SAGE handbook of personality theory and assessment. Thousand Oaks，CA：SAGE Publications Ltd，2008：135 – 178.

［3］COATES T J，THORESEN C E. Teacher anxiety：A review with recommendations[J]. Review of Educational Research, 1976,46(2): 159 – 184.

[4]COOLS E, BELLENS K. The onion model: Myth or reality in the field of individual differences psychology?[J] Learning and Individual Differences, 2012(22):455 – 462.

[5]DE RAAD B. The Big Five Personality Factors: The psychological approach to personality[M]. Ashland, OH: Hogrefe & Huber Publishers, 2000.

[6]FERGUSON K, FROST L, HALL D. Predicting teacher anxiety, depression, and job satisfaction[J]. Journal of Reaching and Learning, 2012,8 (01):27 – 42.

[7]FRENZEL A C, PEKRUN R, GOETZ T, et al. Measuring teachers' enjoyment, anger, and anxiety: The teacher emotions scales (TES)[J]. Contemporary Educational Psychology, 2016(46):148 – 163.

[8]GUAN Y, ARTHUR M B, KHAPOVA S N, et al. Career boundarylessness and career success: A review, integration and guide to future research[J]. Journal of Vocational Behavior, 2019(110):390 – 402.

[9]LENT R W, BROWN S D, HACKETT G. Social cognitive career theory [J]. Career Choice and Development, 2002(04):255 – 311.

[10]LI L, LI A, HAO B, et al. Predicting active users' personality based on micro-blogging behaviors[J]. PLoS ONE, 2014,9(01):e84997.

[11]LI X, LAMB M E. Fathers in Chinese culture: From stern disciplinarians to involved parents[M]//SHWALB D W, SHWALB B J, LAMB M E. Fathers in cultural context. New York: Routledge, Taylor & Francis Group, 2013: 15 – 41.

[12]LIU M, XUE J, ZHAO N, et al. Using social media to explore the consequences of domestic violence on mental health[J/OL]. Journal of Interpersonal Violence, 2018: 088626051875775 [2019 – 11 – 27]. https://doi. org//0.

1177/0886260518757756.

[13]MCLEOD B D, WOOD J J, WEISZ J R. Examining the association between parenting and childhood anxiety: A meta-analysis[J]. Clinical psychology review, 2007(27): 155 - 172.

[14]MOLLER E L, NIKOLIC M, MAJDANDZIC M, et al. Associations between maternal and paternal parenting behaviors, anxiety and its precursors in early childhood: A meta-analysis[J]. Clinical Psychology Review, 2016(45): 17 - 33.

[15]OECD. The future of education and skills Education 2030: The future we want[R]. Paris: OECD Publishing, 2018.

[16]Partnership for 21st Century Skills. Framework for 21st century learning[EB/OL]. (2006)[2019 - 11 - 27]. http://www. p21. org/documents/ProfDev. pdf.

[17]PRYOR R G L, BRIGHT J E H. Applying chaos theory to careers: Attraction and attractors[J]. Journal of Vocational Behavior, 2007(71):375 -400.

[18] ROID G H, POMPLUN M. The Stanford-Binet Intelligence Scales [M]//FLANAGAN D P, HARRISON P L. Contemporary intellectual assessment: Theories, tests, and issues. 5th ed. New York: The Guilford Press,2012: 249 -268.

[19]SAVICKAS M L. Career construction theory and practice [M]//LENT R W, BROWN S D. Career development and counseling: Putting theory and research to work. Hoboken, NJ: John Wiley & Sons, 2013:147 - 183.

[20]SCHNEIDER W J, MCGREW K S. The Cattell-Horn-Carroll theory of cognitive abilities [M]//FLANAGAN D P, MCDONOUGH E M. Contemporary intellectual assessment: Theories, tests, and issues. 4th ed. New York: The

Guilford Press, 2018:73 - 163.

[21]SMITH T J, CAMPBELL C. The structure of O * NET occupational values[J]. Journal of Career Assessment, 2006(14):437 -448.

[22]STERNBERG R J. Wisdom, intelligence, and creativity synthesized [M]. Cambridge:Cambridge University Press, 2003.

[23]UNESCO Institute for Lifelong Learning. Medium-term strategy 2014 - 2021: Laying foundations for equitable lifelong learning for all[M/OL]. Hamburg: UIL, 2014 [2019 - 11 - 27]. https://unesdoc. unesco. org/ark:/48223/pf0000229289.

[24]WANG M, WANBERG C R. 100 years of applied psychology research on individual careers: From career management to retirement[J]. Journal of Applied Psychology, 2007(102):546 -563.

[25]WU Y Y, KOSINSKI M, STILLWELL D. Computer-based personality judgments are more accurate than those made by humans[J]. Proceedings of the National Academy of Sciences, 2015(112):1036 -1040.

[26]戴斯,蔡丹. 儿童数学与认知训练手册[M]. 北京: 清华大学出版社, 2017.

[27]李希希,管延军. 与未来通话:28堂高中生涯必修课[M]. 上海教育出版社, 2019.

AI + 教育不能做什么①

刘新玲②

新学期开学以来，有关人工智能（**AI**）与教育的话题冲击着人们的认知，通过刷脸进校园乃至进教室已经不是个例。

中国药科大学在校门口、学生宿舍大门口、图书馆、实验楼等场所安装了人脸识别门禁，并在部分试点教室安装了人脸识别系统用于日常考勤和课堂纪律管理。这所学校在教室试点安装的人脸识别系统，除了能自动识别学生的出勤情况外，还能全程监控学生的课堂听讲情况。

早在 2018 年 5 月，杭州市第十一中学就引进了"智慧课堂行为管理系统"，该系统在课堂内的摄像头每 30 秒扫描一次，可以识别高兴、伤心、愤怒、反感等常见的表情，以及举手、书写、起立、听讲、趴桌子等常见课堂行为。它通过对学生的面部表情和行为进行统计分析，辅助教师进行课堂管理。

---

① 本文发表于 2019 年 10 月 10 日《中国青年报》，经作者同意转载。
② 刘新玲，中国青年报高级记者。

一、 AI＋教育作用不能被夸大

2016 年，人工智能阿尔法围棋（AlphaGo）战胜了世界顶级围棋选手李世石，这让"人工智能"成为热词。"AI＋"嫁接的行业越来越多，其中包括教育行业。

北京师范大学教授余胜泉是该校未来教育高精尖创新中心执行主任，他梳理了未来人工智能在教育行业可能扮演的角色：可自动出题和自动批阅作业的助教；学习障碍自动诊断与反馈的分析师；个性化智能教学的指导顾问；学生心理素质测评与改进的辅导员；体质健康监测与提升的保健医生；反馈综合素质评价报告的班主任……还有个性化学习内容生成与汇集的智能代理、数据驱动的教育决策助手等等。

如今，AI＋教育类产品不断涌现，甚至有人说教师在某种程度上会被替代。华中师范大学教育大数据应用技术国家工程实验室常务副主任刘三女牙曾向中国青年报·中国青年网记者表示："我们千万不要想着用一门技术替代我们教育体系的所有东西和教师，我们应该把人的力量和机器的力量更好地结合在一起。"这一观点被很多教育工作者和技术研发人员所认同。

中国教育学会会长钟秉林教授曾表示，先进信息技术的发展以及与教育的融合，必然会对传统的学校教育带来冲击，但我们要保持理性的态度，不能片面夸大技术的作用，要把重点放在教育本身。他提出，要通过提高线上课程质量以及线上教学与线下教学的相互融合提高教学效率，改进传统教学模式，让学生直接从中受益。

新技术无疑会给教育带来无限可能，并助力培养面向未来的人才。但是教师对人的影响永远不会被机器替代，技术只能帮助教师更好地教学。

《中国民办教育产业发展报告（2019）》显示，目前国内智能教育产品主要有智能排课规划、英语语音测评、智能习题批改、分组阅读和教育机器人等。

二、 警惕资本驱动下的 "应试技术" 泛滥

最近几年，美国等发达国家诞生了一批依托于信息科技的创新型学校，例如特斯拉创始人马斯克的星际探索学校（Ad Astra School），以及由谷歌工程师创办、扎克伯格投资的 AltSchool……这些学校的共同特点是：利用技术手段让学生自由探索，学会解决问题。

国内也成立了一批技术创新型教育公司，但其中很多用于提高考试分数。为了精准找到学生的薄弱点，有机构把初中数学拆分为成千上万个知识点。

对于这些"智能辅助训练"，中科院院士梅宏极不认同。在一次会议上，他告诉中国青年报·中国青年网记者，现在"互联网＋教育"的讨论和应用很多，但很多都是智能刷题系统，这会在基础教育期间耗尽年轻人的创新激情。

他曾对北京大学信息学院的肄业学生做过调研，发现他们在中小学期间过度学习，没了学习和创新的热情，上大学后开始玩，以至于耽误了学业。

"其实，人的思维有模糊性的特点，包括直觉、感觉、感知、经验，可以完成小数据大任务，如果只注重学生解决书面知识问题，会扼杀学生的创造性。"北京某中学校长认为。

"AI＋"近两三年成为投资领域的蓝筹股。《民办教育蓝皮书：中国民办教育产业发展报告（2019）》显示，智能教育投资从 2015 年开始爆发式

增长。2018 年，整个教育行业融资持续上升，智能教育占比增加。除了一些老牌投资公司之外，几家互联网巨头也开始投资教育类公司。但是，"过热""虚高"等词一直如影随形。

而且，智能教育领域出现了很多混淆概念、夸大作用、虚假宣传的现象。中国青年报·中国青年网记者发现，这些"忽悠"主要面向家长和学校，有的宣称如果学校不使用智能产品、不做智慧校园就会落后于时代，学生就享受不到优质教育；有的产品不仅把知识量化，还把能力、思维等因素全都量化……

在前述报告中，一位作者表示："对投资人而言，如果想让教育行业有好的发展，投资行为应该更严肃，在盈利的前提下还必须要考虑公德，甚至应该对创业者的人品有更苛刻的要求。"

三、 隐私保护： AI + 教育不能突破底线

智能教育产品获取学生的人脸、表情、指纹等个人信息，很多人提出了隐私方面的疑虑。

网络安全专家、曾任 360 首席隐私官的谭晓生认为，一些教育类产品的信息采集方式侵犯了学生的隐私权。

"当然，在科技进步和隐私保护之间是有一个平衡，不同的时代，平衡点也不一样，甚至有时显得有些微妙。"谭晓生认为，数据获取、保存、使用是有底线的。

"之所以出现侵犯隐私（的情况），都是因为边界不清晰，涉及产权、使用权、编辑权、存储权……"信息管理专家涂子沛认为，信息社会里的每个人都要有数据保护意识，同时，社会要建立公共数据隐私保护制度。

2019 年 8 月，瑞典数据监管机构（DPA）对当地一所高中开出第一张

基于欧盟《通用数据保护条例》（GDPR）的罚单，金额为 20 万瑞典克朗（约合人民币 15.2 万元）。原因是该校使用人脸识别系统记录学生的出勤率。

10 月 1 日，由国家互联网信息办公室发布的《儿童个人信息网络保护规定》正式实施。其中明确规定：网络运营者收集、使用、转移、披露儿童个人信息的，应当以显著、清晰的方式告知儿童监护人，并应当征得儿童监护人的同意；网络运营者应当设置专门的儿童个人信息保护规则和用户协议，并指定专人负责儿童个人信息保护。

脑机接口会重新定义教育吗?[①]

韩璧丞[②]

超能力、机器人、外星物种，这些都是科幻大片中经常出现的内容，人类对超越自身能力与对遥远星际的期盼，被科幻发挥得淋漓尽致。然而在现实生活中，每个人面临的都是一样的生、老、病、死，自身能力的有限性与外部世界层出不穷的挑战构成每个人一生的主题。

很多人充满好奇：人类能不能借助科技的力量，超越自身的局限，往完美的道路上迈上一大步？其实，有一种技术可以刷新人类的认知，让科幻不再遥远，这项技术叫"脑机接口"。

一、 现实与科幻之间的最后 "几公里"

脑机接口是一种将大脑与外部设备相连，并在两者之间建立直接信息

---

① 本文原载于腾讯《腾云》内刊第 71 期，获作者授权转载。
② 韩璧丞，强脑科技创始人、CEO，哈佛大学脑科学中心博士生。

传输通路的技术。

脑机接口并不是一项新技术。1924年，德国精神病学家汉斯·伯格使用仪器检测到了人类脑部活动时产生的生物电信号，并将其放大成可供辨识的脑电波。到了20世纪70年代，加州大学洛杉矶分校的威戴尔博士（J. J. Vidal）首次提出"脑机接口"（brain-computer interface）一词，脑机接口技术开始有了雏形。

虽然脑电信号很早就已被发现，但由于客观条件的限制，脑机接口技术经历了漫长的探索过程。

20世纪90年代，美国杜克大学神经生物学教授米格尔·尼科尔利斯使用侵入式的方式成功实现了用猴脑控制机械臂，这项技术使瘫痪病人重新行走成为可能，也启发了运用脑机接口技术进行各类"控制"的研究方向。脑机接口技术在应用领域往前迈出了一大步。

近几年，随着各国政府"脑计划"的发布，再加上科技巨头的入场与资本的青睐，脑机接口技术进入了高速发展时期。

2019年4月，来自加州大学旧金山分校（UCSF）神经外科学系科研团队在《自然》杂志上发表了一篇引起广泛关注的论文，研究人员将皮质神经信号与咬合关节运动相结合，通过神经解码器合成语音。这种技术标志着科学界对脑电信号解读的进一步深入。

从理论角度讲，电的传播速度与光速等同，都是300000千米/秒，脑电可以看作是脑神经活动的实时信号。大脑是人类意识的最高指挥中心，像现实生活中的电线、电话可以迅速传播电流与信号一样，脑电可以瞬间传递意识与信号，这在应用领域可以延伸出无限的使用场景。

如今，脑机接口技术不断进步，应用的领域也越来越广阔，像人工耳蜗、意念打字、专注力提升、注意缺陷多动障碍（ADHD）与自闭症治疗、控制机械臂等脑机接口技术应用，有些正在被大众接受，有些已经开始普及。

未来，脑机接口有望实现人造器官、记忆移植，甚至帮助人类再次获得感知能力，会成为一种全新的控制与交流方式，推动人类能力的迭代。

二、 脑机接口技术方向： 人类增强与脑机交互

尽管脑机接口技术分为侵入式和非侵入式，但其应用方向可以分为两种：一种是人类增强，简称 HI，包括大脑与身体的增强；另一种是脑机交互，实现大脑与外部世界的连接与交互（控制）。

脑电信号识别是脑机接口技术的首要任务，完整准确的脑电信号是脑机接口技术实现的关键。由于很多脑机接口实验都是通过侵入式的方式在动物身上进行，侵入式可以得到最接近大脑皮层的信号，脑电研究领域普遍认为只有侵入式才能得到最准确的脑电信号。

但侵入式的技术由于需要做开颅手术，有一定的危险性，还会面临电极信号逐步衰减等问题，这种方式只能用于一些病情比较严重的患者，很难在健康的人身上得到普及。

脑机接口技术普及的希望在于非侵入式技术，在非侵入式条件下实现脑机交互是最难，也是最有价值的课题。

虽然非侵入式脑机接口技术得到的脑电信号不如侵入式准确，但非侵入式采集的脑电信号与大脑意识有一种深层次的映射关系，研究非侵入式采集的脑电信号与大脑意识深层次的映射关系，并找出其中的规律，是脑机接口技术普及的关键。

2016 年，强脑科技（BrainCo）公司首次实现用非侵入式脑机接口技术控制机械臂，这是非侵入式脑机接口技术取得的重大进步。

在人类增强方面，科研与医疗领域已经取得很多成果。脑电测量系统（NEBA）于 2013 年被美国食品药品监督管理局（Food and Drug Administration，FDA）批准为多动症的辅助诊断工具。针对多动症、自闭症、老年痴呆等疾病采用"神经反馈训练"的方式做对应的恢复训练，在医学界已经成为一种主流的治疗方式。

在身体增强方面，基于脑机接口技术研发的外骨骼与智能义肢，已经开始帮人类实现自身机能的修复与增强，并涌现了一些出色的公司。

三、 脑机接口在教育与医疗领域的应用

脑机接口在不同领域的实际应用，可以帮我们更好地理解脑机接口对现实生活产生的价值。

在教育领域，运用脑机接口技术，可以读取学生学习时的专注力指数，并结合神经反馈训练来帮助学习者提升专注力。

专注力的脑电机制是认知神经科学领域研究最深入的课题之一，大量研究表明，注意力的变化与 theta（西塔波）、alpha（阿尔法波）和 beta（贝塔波）紧密相关。人的头颅不同位置的脑电频率和幅度，能够反映出大脑的工作状态，通过分析脑电信号中不同波段的比值，可以准确反映出专注力的状态。

有了脑电波的精准反馈，结合神经反馈训练，就可以实现大脑功能的增强。神经反馈训练是一种可学习的自我调节神经训练活动，神经可塑性是神经反馈训练的生理基础，通过神经反馈训练可以让大脑的功能得到改善。

从 20 世纪 70 年代开始，美国国家航空航天局（National Aeronautics and Space Administration，NASA）便通过神经反馈训练来提升宇航员在航天工作中的专注力，减少宇航员在航天工作中的失误。

在教育上，专注力指数可以作为可靠的教学评估手段，让课堂参与者

的专注状态得到真实的呈现。基于神经反馈训练的专注力训练方式，将会带动教育领域学习效率的提升。

在应用层面，神经反馈训练的方式在医疗领域已经应用多年，其科学性与有效性已经得到学界与医疗界普遍的认可，目前普及的主要困难在于脑电检测装置的庞大、检测步骤烦琐和费用昂贵。

在医疗领域，肌电信号（Electromyogram，EMG）可以用来控制智能假肢，不同于纯装饰作用的美容假肢与需要物理操作的机械假肢，使用肌电信号控制的智能假肢更加接近患者本来的肢体，可以看成患者"重新生产的肢体"。

人通过大脑来控制自己身体的各个器官，在控制的过程中会产生各种生物电信号，在生物电信号中承载着人的运动意图。通过识别与解码人在运动时产生的生物电信号，识别出人的"运动意图"，并让机器来实现这种运动，这是肌电信号能够控制智能假肢的原理。

当一位残障患者失去手臂之后，患者会有一种手臂还在的幻觉，甚至可以感觉到已失去手臂某个部位的疼痛，即"幻肢感"。当残障患者想象自己失去的手臂做某个动作时，中枢神经的信号可以传递到手臂周围，触发肌肉细胞产生肌电信号，促使肌肉群做出收缩动作。

当残障患者装上智能假肢以后，智能假肢可以采集人体的肌电信号，并用机器学习的方式翻译给智能假肢，智能假肢就可以实现残障患者想实现的动作。

肌电信号控制智能假肢的技术已经初步成熟，但在具体应用中面临很多困难，比如：肌电信号的采集端需要固定位置，位置偏移容易导致采集到的信号不准确；要想让机械假肢流畅地学会人类的动作，还需要对肌电信号与大脑意图之间映射关系的深入研究；智能假肢属于尖端的科技与医疗产品，在市场上售价昂贵。

根据《中国残疾人事业统计年鉴》，我国当前有各类残疾患者8500万人，当前上肢截肢患者约 200 万人，这些患者中已经购买上肢假肢的患者不足 1%，在已经购买上肢假肢的患者中有 20% 因为不满意假肢性能，会遗弃自己的假肢。

肌电信号控制的智能假肢在中国市场拥有非常大的市场需求。

四、 结语

作为一门新兴的技术，脑机接口技术广阔的应用前景与对社会不同领域的"赋能"价值非常明显，正是因为这个原因，它被称为"人工智能的下一代技术"。

不可否认的是，脑机接口技术还面临诸多问题：首先是大众对全新技术的接受——尤其是类似科幻电影里呈现的技术，还需要一些时间；其次，围绕脑机接口技术产生的伦理问题的讨论会成为一种常态；最后，关于大脑数据泄密的担忧也会逐渐浮出水面。

但是，对一项方兴未艾的技术不能求全责备，毕竟瑕不掩瑜，脑机接口技术会为社会带来深刻的变革。

以色列希伯来大学原校长眼中的科技创新源泉①

王　燕②

作为阿尔伯特·爱因斯坦档案馆的负责人和以色列希伯来大学的原校长，哈诺赫·古特弗罗因德教授可能是世界上对爱因斯坦最熟悉的人，也是爱因斯坦使他与中国建立了联系。2019 年恰逢爱因斯坦 140 周年诞辰，北京大学副校长田刚访问希伯来大学时，邀请古特弗罗因德教授访问中国，并在北京大学演讲。在北京大学，他分享了爱因斯坦的生平故事，也分享了他关于创新、学习与教育的见解。

一、 科学与人文

如何培养科学家？在古特弗罗因德教授看来，首先要有欣赏科学的文化，要有倡导科学的人。同时，他认为科学离不开人文，因为人类面临的

---

① 本文转载自微信公众号《北大与世界》（2019 年 9 月 6 日），获得授权并转载。
② 王燕，中国教育科学研究院国际交流处处长，副研究员。

问题单靠科学与技术是不能解决的。虽然没有科学与技术不能解决这些问题，但是只有在了解社会状况、了解人们的动机与人们的梦想的前提下，才能应用科学与技术解决人类面临的问题。因此，培养科学家要靠科学领域与人文领域等多方的努力。

二、 创新的文化

当今世界，创新不仅意味着发现新现象、新规律，还意味着以创新的方式将其应用于社会的方方面面。由此而言，创新是一种文化，有多种呈现方式，多种含义。古特弗罗因德教授指出创新的关键在于建立有效的教育体系，在大学营造创新的氛围，使学生致力于创新，并为适应创新生活做好准备。这并非易事，然而却应该是大学管理者与学者都铭记于心的。为此，可以开发各种激励机制。例如，在欧洲，有小科学家竞赛，鼓励学生开展小型研究项目。

三、 知识至上

在教育过程中往往难以兼顾知识的获取与技能的培养。爱因斯坦也说过，好奇心比知识更重要。他曾说，人们应该知道的最重要的事是图书馆在哪里，因为那里存储了所有的知识。但并非每个人都是爱因斯坦，古特弗罗因德教授强调，因此需要开发除正规教育之外的各种辅助性的学习机会，例如科学博物馆。这实际上是科学教育中心，能使所有年龄的人以创新的、愉快的方式了解科学规律与科技发展的有效方式。

四、 教育之和谐

在以色列，人们用编织毯子来比喻教育，织毯子的时候，所有的线与颜色都应该互相搭配，彼此和谐。古特弗罗因德说，这就像教育。在科学与教育中，人们往往强调结果。古特弗罗因德则认为，当下应比以往任何时候都更加注重过程。结果是如何取得的？问什么样的问题？有什么困难？所有这些的重要性都不亚于结果。爱因斯坦用了八年的时间发现相对论，在这个过程中犯了所有可能犯的错误。因此，犯错并从错误中学习也是教育与科学发展的一部分。

五、 创新的关键何在

在美国的传统中，大学，包括最好的大学的经费在很大程度上依靠善款，大学校长负责筹款；而在欧洲，大学校长是学术领袖，由政府而非大学负责经费；以色列的大学结合了以上两种体制的特点。

更重要的是，在犹太文化中，有重视学习的传统，正如以色列谚语所说，"为学习而学习，没有任何目标"。在以色列，热爱学习是一种文化，并以某种方式传递给了年轻一代。因此，这一代人有开创精神，有好奇心，不断学习。为了学习而学习，进行智力活动，而不是为了直接的商业产品或回报去努力，是创新的关键所在。

六、 技术能否取代教学

据古特弗罗因德教授观察，每当有一种新技术产生时，就有人预测其对于教育的影响。例如，收音机出现的时候，人们马上就对其变革教育抱有很大的期望。利用技术，教育的确能够生成新的要素，丰富学习的选择，例如计算机辅助课程。然而，古特弗罗因德相信技术不能替代教育中人与人之间的接触，例如，教师、学生、助教之间的接触，再如课堂练习，技术更不能完全替代原创性的一线教学以及与学生的互动。与此同时，毋庸置疑，计算机技术使得人们很容易地获取各种资源、各种数据，大数据成为共同关注的话题。

七、 中国如何在科学领域发挥引领作用？

这是古特弗罗因德教授第二次访问中国，在他看来，中国的科技事业是成功的。数百年前，爱因斯坦预言了引力波。两年前，当人类首次探测到引力波时，国际物理界都为之振奋。目前中国的科技团队在启动一个很宏伟的计划，利用空间卫星而不是地面探测仪探测引力波，这一方式有很多优势。无论从技术角度还是科学角度而言，这都是很有挑战性的项目。完成这样的项目需要强大的基础科学体系，以及理论、实验、技术与工程领域的优秀人才队伍支撑。中国如果能够培养所需的这些人才，就很有可能在这一领域发挥引领作用。

中国教育三十人论坛成员名录

国际学术顾问

穆罕默德·尤努斯

孟加拉银行家，诺贝尔和平奖获得者

约翰·奈斯比特

世界著名未来学家，曾任肯尼迪总统教育部助理部长

学术顾问

顾明远

北京师范大学教授，中国教育学会名誉会长

吴敬琏

国务院发展研究中心研究员，中欧国际工商学院讲席教授

陶西平

联合国教科文组织协会世界联合会副主席

张信刚

香港城市大学原校长，英国皇家工程院外籍院士

正式成员（以姓氏笔画为序）

王嘉毅　中共甘肃省委常委、秘书长，甘肃省教育厅原厅长

文东茅　北京大学教育学院教授，中国教育发展战略学会副会长

石中英　清华大学教育研究院常务副院长，北京明远教育书院院长

朱永新　民进中央副主席，全国政协常委、副秘书长，新教育实验发起人

汤　敏　国务院参事，友成企业家扶贫基金会常务副理事长

严文蕃　马萨诸塞大学波士顿分校终身教授、教育领导系主任

李希贵　北京十一学校联盟总校校长，中国教育学会副会长

李镇西　新教育研究院院长，成都市武侯实验中学原校长

杨东平　国家教育咨询委员会委员，21 世纪教育研究院院长，北京理工大学教授

张民选　联合国教科文组织教师教育中心负责人，上海师范大学原校长

张志勇　北京师范大学教授，山东省教育厅原副厅长

张卓玉　教育部中考改革专家工作组副组长，山西省教育厅原正厅长级督学，中国教育学会副会长

陈平原　中央文史研究馆馆员，北京大学博雅讲席教授

邵　鸿　全国政协副主席，九三学社中央常务副主席

季卫东　上海交通大学日本研究中心主任

周国平　中国社会科学院哲学研究所研究员

周洪宇　全国人大常委会委员，湖北省人大常委会副主任，华中师范大学教授

项贤明　南京师范大学教授，民进中央教育委员会副主任

袁振国　华东师范大学终身教授，中国教育学会副会长

钱颖一　全国工商联副主席，国务院参事，清华大学经济管理学院原院长

徐　辉　全国人大常委会委员，全国人大宪法和法律委员会副主任委员，民盟中央副主席，中国教育发展战略学会副会长兼学术委员会主任

程介明　香港大学原副校长，香港大学荣休教授

谢维和　清华大学校务委员会副主任，清华大学原副校长

学术委员会

朱永新　袁振国　杨东平　钱颖一　张志勇

秘书处

秘书长：马国川
执行秘书长：石岚